信息技术
理实一体化教程

主　编　何婷婷　王　旭　徐　颖
副主编　汪　凌　刘　洋　方宏伟

【微信扫码】

配套资源

南京大学出版社

图书在版编目(CIP)数据

信息技术理实一体化教程/何婷婷,王旭,徐颖主编.
—南京:南京大学出版社,2021.1(2021.9 重印)
ISBN 978-7-305-24204-5

Ⅰ.①信… Ⅱ.①何… ②王… ③徐… Ⅲ.①
Windows 操作系统 ②办公自动化—应用软件 Ⅳ.
①TP316.7②TP317.1

中国版本图书馆 CIP 数据核字(2021)第 024158 号

出版发行 南京大学出版社
社　　址　南京市汉口路 22 号　　　　邮　编　210093
出版人　金鑫荣

书　　名　**信息技术理实一体化教程**
主　编　何婷婷　王　旭　徐　颖
责任编辑　吕家慧　　　　　　　　编辑热线　025-83597482
照　排　南京开卷文化传媒有限公司
印　刷　丹阳兴华印务有限公司
开　本　787mm×1092mm　1/16 开　印张 15　字数 365 千
版　次　2021 年 1 月第 1 版　2021 年 9 月第 2 次印刷
ISBN 978-7-305-24204-5
定　价　42.00 元

网　　址:http://www.njupco.com
官方微博:http://weibo.com/njupco
微信服务号:njuyuexue
销售咨询热线:(025)83594756

前　言

随着信息技术飞速发展，人们的工作、学习、生活都离不开计算机和网络。熟悉信息技术基础知识，运用计算机进行信息处理已经成为每位大学生必备的基本能力。信息技术课程已经成为高等学校普遍开设的公共基础课。近几年，随着计算机信息技术的快速发展和计算机应用的日益普及，我国中小学逐步开设了信息技术课程，高校学生的计算机基础知识和操作使用能力有了一定的基础。在这种情况下，信息技术大学信息技术课程该如何定位？怎样组织课程内容和设计适合的教学模式？为了适应当前高等职业教育教学改革和人才培养的新形势和新要求，并着眼于高素质技能型人才对信息技术课程学习的需求，本书编写组组织教师对大纲和编写内容进行了深入细致的研讨。全体编者都认为，只有通过对教材、教学模式进行创新，才能实现人才培养模式的转变，促进教学质量的提高。遵循这一指导思想，我们采用案例教学、任务驱动的方法设计课程和组织内容。

本书紧跟主流技术，介绍了信息技术的相关内容，主要由两部分组成：一是理论知识部分，主要介绍计算机基础方面的概念，原理，技术，包括计算机硬件、软件、数字媒体技术和网络技术；二是实践部分，主要包括 Windows 10 操作系统、Word 2016 文字处理软件、Excel 2016 电子表格处理软件、PowerPoint 2016 演示文稿、Internet 等软件的操作和使用。

本教材由何婷婷、王旭、徐颖主编，汪凌、刘洋、方宏伟副主编，南通职业大学计算机基础教研组共同参编。很多老师对该教材提出了许多宝贵意见，在此表示感谢。

限于作者水平，书中难免存在不当之处，敬请读者批评指正。

作　者

2020 年 1 月

目　录

项目一　计算机基础知识

项目描述

随着计算机的普及,信息技术日新月异。自1946年世界上第一台电子计算机在美国诞生至今,已经历了七十多年的时间。在这期间,计算机技术发展迅速,计算机的应用已深入千家万户,进入到社会生活的各个层次和领域,成为人们工作、学习和生活不可缺少的工具。作为现代大学生,需要了解和掌握以计算机为核心的信息技术以及应用计算机的能力,不会使用计算机将无法面对21世纪的工作、学习与生活。首先我们需要对计算机有个初步的认识,主要包括计算机的组成、软件以及媒体在计算机中的表示。

任务一　计算机相关知识

 任务描述

随着计算机的诞生,人类社会迈入了一个崭新的时代。计算机的出现使人类迅速进入信息社会,彻底改变了人们的工作方式和生活方式,对人类的整个历史发展有着不可估量的影响。本任务要求了解计算机的发展,计算机的特点作用、发展趋势,掌握计算机中数的表示及计算。

 任务目标

☞ 了解计算机的发展、特点以及应用领域等;
☞ 了解计算机中的数及其计算方法。

 任务知识

一、计算机基础

计算机(computer/calculation machine)是一种能够按照指令对各种数据和信息进行自动加工和处理的电子设备。

(一)计算机的发展

现代计算机,同任何其他先进科学技术一样,是人类社会发展到一定阶段的必然产物。

在人类的整个发展历程中，人们一直都在寻找着快速有效的计算工具。

远古时期，人们使用手指进行计数，后来用绳结法计算；我国春秋时期就有"筹算法"（用竹筹计数），唐末创造出算盘，南宋已有算盘和歌诀的记载；1564 年出现了计算尺；1642 年在法国制成了第一台机械计算机；1887 年制成手摇计算机，以后又出现了电动计算机；1822 年，英国数学家查尔斯.巴贝奇（Charles Babbage，1792—1871）最先提出了通用数字计算机的基本设计思想，并且设计出差分机，但是需要人调整计算。

1937 年，英国数学家图灵（Alan Mathison Turing，1912—1954），发表论文《论数学计算在决断难题中的应用》，他提出了理论状态的有限状态计算机，也叫图灵机。用纸带存储数据，用控制器来控制纸带并计算。图灵机揭示了计算机的工作模式和主要架构，引入了读写、算法与程序语言的概念，为纪念图灵对计算机科学的重大贡献，美国计算机协会（association for computing machinery，ACM）设有图灵奖，每年授予在计算机科学领域做出突出贡献的人。图灵机是计算机的雏形。

1945 年，匈牙利出生的美籍数学家冯·诺伊曼（John von Neumann，1903—1958）提出了在计算机内部的存储器中存放程序的概念，这种计算机体系结构被称为"冯·诺伊曼结构"。按这一结构设计并制造的计算机称为存储程序计算机，又称为通用计算机。

冯·诺伊曼型计算机有两个特点，采用二进制和存储程序的概念。冯·诺伊曼被人们誉为"计算机之父"。

根据电子计算机所采用的物理器件的发展，一般把电子计算机的发展分成四个阶段，习惯上称为四代，相邻两代计算机之间时间上有重叠。

1. 第一代（1946—1957）：电子管计算机，主要用于科学计算

1946 年 2 月世界上第一台多用途的电子计算机 ENIAC（electronic numerical integrator and computer），意为电子数字积分和计算机，在美国的宾夕法尼亚大学诞生。

ENIAC 计算机由 18 000 多个电子管，1 500 个继电器组成，重达 30 000 多千克，占地 170 平方米，耗电 140 千瓦，每秒 5 000 次加法。它的缺点是存储容量小，线路连接的方法每次解题都要人工改接线。尽管如此庞大笨重，但它的问世，标志着一个崭新的计算机时代的到来。如图 1.1.1 所示。

图 1.1.1　冯·诺伊曼和 ENIAC

第一代计算机的主要特点是采用电子管作为基本器件，代表机型是 ENIAC。这一代计算机内存储器采用磁芯，外存储器有纸带、卡片、磁带、磁鼓等，运算速度仅为每秒几千次，内

存容量仅为几千字节,程序设计语言是用机器语言和汇编语言,主要用于科学计算。

2. 第二代(1958—1964):晶体管计算机

这时期计算机的主要器件逐步由电子管改为晶体管,因而缩小了体积,降低了功耗,提高了速度和可靠性。外存储器有了磁带和磁盘,运算速度每秒达几十万次,内存容量达几十万字节。出现了 ALGOL60、FORTRAN、COBOL 等高级程序设计语言,应用扩展到数据处理和工业控制中。

3. 第三代(1965—1971):小规模集成电路计算机

这时期的计算机采用集成电路作为基本器件,因此功耗、体积、价格等进一步下降,而速度及可靠性相应地提高。内存采用半导体存储器,速度达几十万～几百万次/秒,出现了操作系统和会话式语言,计算机开始应用于各个领域。

4. 第四代(1972至今):大规模和超大规模计算机

这时期计算机主要逻辑元件是大规模或超大规模集成电路,内存主要采用集成度很高的半导体存储器,速度可达几百万～几万亿次/秒。操作系统日益完善,软件产业高度发达。计算机的发展进入了以计算机网络为特征的时代。

一般我们都说计算机的发展为四代,目前正在研制中的智能计算机,也有称之为下一代计算机或新一代计算机。

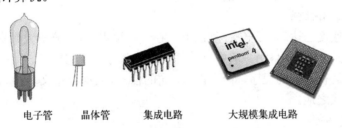

电子管　　晶体管　　集成电路　　大规模集成电路

图 1.1.2　计算机主要电子元器件的发展

我国计算机技术的发展概况

我国从 1956 年开始研制计算机。1958 年 8 月成功地研制出第一台电子管数字计算机 103 机,1964 年我国自行研制的晶体管计算机问世,1971 年制成了以集成电路为主要器件的 DJS 系列计算机。

1983 年 11 月 26 日,国防科技大学研制出我国第一台巨型电子计算机"银河Ⅰ",它的研制成功使我国成为继美、日之后第三个能研制巨型计算机的国家。此后相继研制出性能越来越高的"银河Ⅱ"(1992 年)、"银河Ⅲ"(1997 年 6 月)和"银河Ⅳ"等系列巨型机,再加上其他机构研制的"曙光"系列、"神威"系列巨型计算机,使我国巨型计算机技术在世界高科技领域占有一席之地。

2002 年 9 月底,中国科学院计算技术研究所推出了独立研制成功的我国首枚高性能通用 CPU "龙芯"1 号;2005 年 4 月 18 日,该所又推出了具有完全自主知识产权的"龙芯"2 号处理器,主频为 500 MHz。"龙芯"的成功问世,标志着我国已经结束了在计算机关键技术领域的"无芯"历史。

我国在高效能计算机研究方面也取得了重要进展,2008 年 6 月 24 日亮相的中国曙光 5 000 A 两百万亿次超级计算机就整合了大量高效能技术,包括新型"超并行"体系结构(hyper parallel processing，HPP)、基于四路高密度刀片服务器架构超并行节点、基于 16 端口 4×5 Gbps 交换芯片超并行互联网络、高性能直接地址访问式 core-to-core 通信软件、高性能全局(组)同步机制、高性能 TCP/IP、高性能可移植并行语言编译器、自动并行化编译工具 ParaORC、高效能虚拟化软件、面向千万亿次计算机的高性能并行文件系统、检查点存储系统和 PB 级网络存储系统、大规模层次化高效能计算机自主管理软件、多层次系统级鲁棒性技术、面向数万个处理器的新型基础并行算法、自适应功耗管理、应用加速器等诸多技术。

(二) 计算机的特点及作用

计算机不仅具有计算功能还具有记忆和逻辑推理功能,可模仿人类的思维活动,代替人的脑力劳动,所以又称为电脑。它之所以能够应用于各个领域,能完成各种复杂的处理任务,是因为它具有以下一些基本特点:

1. 速度高,通用性强

巨型机运算速度已达 10 万亿次/秒以上。在气象预报中,要分析大量资料和数据,若手工计算需十天半月才能算出,用一般中型计算机只要几分钟就完成了。

在计算机中运行不同的程序,即可完成不同的任务,从这个意义上说,计算机在各行各业中均可找到用武之地。

2. 运算精度高

一般计算机的计算精度可有十几位有效数字,通过一定技术手段,能实现任何精度要求。

3. 具有"记忆"和逻辑判断能力

计算机还可以"记忆"大量信息,即把原始数据、中间结果和计算指令等信息存储起来,以备调用。它还能进行各种逻辑判断,并根据判断的结果自动决定以后执行的命令。

4. 具有互联、互通和互操作的特性

除上述特点外,计算机还具有可靠性强、可联网等特点。概括起来说,电子计算机是一种以高速进行操作、具有内部存储能力、由程序控制操作过程的自动电子装置。

计算机的巨大作用:

① 开发了人类认识自然、改造自然的新资源;
② 增添了人类发展科学技术的新手段;
③ 提供了人类创造文化的新工具;
④ 引起了人类工作与生活方式的新变化。

(三) 计算机的应用领域

1. 科学计算

科学计算也叫数值计算,是指用计算机对大批量数据进行分析、加工、处理以形成有用的信息,早期的计算机主要用于科学计算。例如人事管理、财务管理、仓库管理、资料统计与

分析等各种管理信息系统(management information system,MIS)都是计算机用于数据处理。而高能物理、工程设计、地震预测、气象预报、航天技术、火箭轨道计算等也属于科学计算。

2. 数据处理

数据处理又称信息管理,利用计算机来加工、管理与操作任何形式的数据资料,如企业管理、物资管理、报表统计、账目计算、信息情报检索等。国内许多机构纷纷建设自己的管理信息系统(MIS);生产企业也开始采用制造资源规划软件(MRP),商业流通领域则逐步使用电子信息交换系统(EDI),即所谓无纸贸易都是属于数据处理。

3. 实时控制

实时控制又称过程控制,是指用计算机实时采集检测数据,以选定的控制模型对其进行加工处理,按最佳值对被控对象进行自动控制或调节。在现代化工厂里,计算机普遍用于生产过程的自动控制。例如,在化工厂中用计算机来控制配料、温度、阀门的开闭等;在炼钢车间用计算机控制加料、炉温、冶炼时间等。

4. 计算机辅助工程和辅助教育:CAI、CAD、CAM、CIMS

利用计算机辅助人们完成某一个系统的任务,目前主要有三类计算机辅助系统:

① 计算机辅助设计(computer aided design,CAD),是指利用计算机辅助人们进行设计工作,使设计过程实现自动化或半自动化。目前已利用来设计飞机、船舶、汽车、房屋、机械、服装和集成电路等。

② 计算机辅助制造(computer aided manufacturing,CAM),是指利用计算机进行生产设备的管理、控制和操作的过程。CAM已广泛用于飞机、汽车、家电等制造业,成为计算机控制的无人生产线的基础。CAD/CAM和数据库技术的集成,形成计算机集成制造系统技术,该技术的目标是实现无人加工工厂,使设计、制造、管理完全自动化。

③ 计算机辅助教育(computer based education,CBE),包括计算机辅助教学(computer aided instruction,CAI)、计算机辅助测试(computer aided test,CAT)和计算机管理教学(computer management instruction,CMI),利用计算机来辅助进行教学。CAI可以模拟某一个物理过程,使教学过程形象化,也可以把课程内容变成计算机软件,称为"课件"(courseware),对不同学生可以选择不同内容和进度,有利于实现因材施教。CAT还可以利用计算机来解答问题、批改作业、编制考题对学生进行测试、测验等。

5. 嵌入式系统

目前,许多消费电子产品如数码相机、数字电视机等,其中都使用了不同功能的微处理器来完成特定的处理任务,这些即为嵌入式系统。

6. 人工智能

人工智能(artificial intelligence,AI)是计算机应用的一个新领域,它研究的内容包括:知识表示、自动推理和搜索方法,机器学习和知识获取,知识处理系统,自然语言理解,计算机视觉,智能机器人等。近年来已具体应用于机器人、医疗诊断、计算机辅助教育、地质勘探、邮政信件分拣、推理证明等多个方面。

7. 电子商务

电子商务(electronic commerce 或 electronic business)是指利用计算机和网络进行的商务活动,具体地说,是指综合利用局域网,Intranet(企业内部网)和 Internet 进行商品与服务交易、金融汇兑、网络广告或提供娱乐节目等商业活动。

8. 虚拟现实

虚拟现实是利用计算机生成的一种模拟环境,通过多种传感设备使用户参与进去,实现用户与环境的直接交互。这种虚拟环境是利用计算机模拟出来的。目前虚拟现实发展非常迅速,应用很广泛,出现了许多虚拟实验室、虚拟工厂、虚拟主持人等。

(四)计算机的发展趋势

目前计算机正朝着巨型化、微型化、网络化、智能化等方向发展。

1. 巨型化

巨型计算机有三个显著特点:功能最强、速度最快、价格昂贵。巨型机主要用于大型科学计算,特别是国防尖端技术的发展,需要有很高运算速度、很大存储容量的巨型计算机。巨型机是衡量一个国家科技实力的重要标志之一。

2. 微型化

微型化是利用微电子技术和超大规模集成电路技术,把计算机的体积进一步缩小,价格进一步降低。现在,个人计算机、笔记本电脑和膝上型、掌上型计算机的使用已日益普及。

图 1.1.3   人工智能机器人

正是由于微型机的迅猛发展,使得计算机进入了千家万户和各行各业。

3. 网络化

计算机网络是利用计算机技术和现代通信技术,把分布在不同地点的计算机系统互联起来,按照通信协议相互通信,以实现软件、硬件和数据资源的共享为目标的系统。

4. 智能化

人工智能是研究解释和模拟人类智能行为及其规律的一门学科。其主要任务是建立智能信息处理理论,进而设计可以展现某些近似于人类智能行为的计算机系统。智能化的主要研究领域包括:自然语言的生成和理解、自动定理证明、自动程序设计、模式识别、机器翻译、专家系统、智能机器人等。

(五)计算机的分类

根据不同的分类方法,计算机可以分成不同的种类。

1. 按工作原理分类

按工作原理计算机可分为电子数字计算机、电子模拟计算机。

电子数字计算机处理的数据是用离散的数字量表示的,其基本运算部件是逻辑数字电路,精度高,存储量大,通用性强;电子模拟计算机处理的数据是用连续的模拟量表示的,它计算速度快、精度低、通用性差,通常用于过程控制和模拟仿真。通常我们所用的一般都是电子数字计算机,简称电子计算机。

2. 按使用范围分类

按使用范围分为通用计算机和专用计算机两类。平常我们使用的计算机一般是通用计算机,专用计算机是为满足某种特殊用途而设计的计算机,由于它的任务单一,因而执行效率比通用机高,如专用于数字信号处理的 DSP 处理器等。

3. 按规模分类

这里的规模是用计算机的一些主要技术指标，如：字长、运算速度、主频、存储容量、输入/输出能力、外部设备配置、软件配置等来衡量的。

计算机按规模一般可以分为巨型机（supercomputer）、大型机（mainframe）、小型机（minicomputer）、微型机（microcomputer）和工作站（workstation）等。但其界限并无严格规定，而且随着科学技术的发展，它们之间的界限也是变化的。

需要提到的是，工作站与功能较强的高档微机之间的差别并不十分明显。通常，它比微型机有更大的存储容量和运算速度，配备大屏幕显示器，主要用于图像处理和计算机辅助设计领域。

神威·太湖之光超级计算机（图 1.1.4）安装了 40 960 个中国自主研发的"申威 26010"众核处理器，该众核处理器采用 64 位自主申威指令系统，峰值性能为 12.5 亿亿次/秒，持续性能为 9.3 亿亿次/秒。2016 年 6 月 20 日，在德国法兰克福世界超算大会上，国际 TOP500 组织发布的榜单显示，"神威·太湖之光"超级计算机系统登顶榜单之首，不仅速度比第二名"天河二号"快出近两倍，其效率也提高 3 倍；11 月 18 日，我国科研人员依托"神威·太湖之光"超级计算机的应用成果首次荣获"戈登·贝尔"奖，实现了我国高性能计算应用成果在该奖项上零的突破。

图 1.1.4　中国超算"神威·太湖之光"

二、计算机中的数及计算

计算机所表示和使用的数据可分为两大类：数值数据和非数值数据。数值数据用以表示量的大小、正负，如整数、小数等。非数值数据，用以表示一些符号、标记，如英文字母 A～Z、a～z、数字 0～9、各种专用字符＋、－、＊、／、[、]、(、)、…及标点符号等。汉字、图形、声音数据也属非数值数据。

任何形式的数据，无论是数字、文字、图形、图像、声音或视频，进入计算机都必须用二进制来编码。

（一）比特及其存储和传输单位

数字技术的处理对象是"二进制位"，简称"位"，其英文为"bit"，音译为"比特"，常用小写字母"b"表示。比特只有两种状态:数字 0 和数字 1。

比特需要使用两个不同的状态来表示,如 CPU 内部电路中电平的高和低,半导体存储器中电容器的充电和放电状态,磁盘表面磁介质的磁化状态,光盘表面的微小凹坑等被用于存储二进制位的信息。比特既没有颜色也没有大小和重量,比特是计算机系统处理、存储和传输信息的最小单位。它可以表示文字或符号,如每个西文字符需要用 8 个比特表示,每个汉字至少需要 16 个比特才能表示,而图像和声音则需要更多的比特才能表示。

比比特大一些的数字信息计量单位是"字节",其英文为"Byte",常用大写字母"B"表示,1 B＝8 b。也就是说,通常存储一个英文字母或一个数字需要一个字节,存储一个汉字需要 2 个字节。由若干个字节组成一个存储单元,称为"字"(Word)。如果一台计算机的指令由 4 个字节组成,称这台计算机的字长为 32 位;同理,对于 64 位计算机,其一条指令由 8 个字节组成。

存储容量是存储器的一项重要的性能指标,计算机汇总的内存储器容量通常使用 2 的幂次作为单位,常用的单位有:

千字节(Kilobyte,简写为 KB),1 KB＝2^{10} B＝1024 B;

兆字节(Megabyte,简写为 MB),1 MB＝2^{20} B＝1024 KB;

吉字节(Gigabyte,简写为 GB),1 GB＝2^{30} B＝1024 MB;

太字节(Terabyte,简写为 TB),1 TB＝2^{40} B＝1024 GB。

需要注意的是,在操作系统中显示的外存容量、内存容量、Cache 容量和文件及文件夹大小时,其容量的度量单位一概以 2 的幂次作为 K、M、G、T 等符号的定义,而外储器生产厂商使用的 K、M、G、T 等符号却是以 10 的幂次定义的,这就是买来的外存储器容量在使用计算机的过程中发现"缩水"的原因。

信息除了存储还可以传输,在数字通信和计算机网络系统中,信息的传输是通过比特的传输实现的。在传输比特时,由于是一位一位串行传输的,传输速率的度量单位是每秒多少比特。常用的传输速率单位如下:

比特/秒(b/s),也称"bps",如 1 200 b/s,9 600 b/s 等;

千比特/秒(Kb/s),1 Kb/s＝103 b/s＝1 000 b/s (这里 K 表示 1 000);

兆比特/秒(Mb/s),1 Mb/s＝106 b/s＝1 000 Kb/s;

吉比特/秒(Gb/s),1 Gb/s＝109 b/s＝1 000 Mb/s;

太比特/秒(Tb/s),1 Tb/s＝1012 b/s＝1 000 Gb/s。

(二) 比特的运算

1. 比特的逻辑运算

比特的逻辑运算一般包括逻辑加、逻辑乘和取反操作。

(1)逻辑加:也称"或"运算,用符号"OR"或"∨"表示,规则如下:

$$F = A \lor B$$

A:	0	0	1	1
B:	∨ 0	∨ 1	∨ 0	∨ 1
F:	0	1	1	1

(2)逻辑乘:也称"与"运算,用符号"AND""∧"或"·"表示,也可省略,规则如下:

$$F = A \land B$$

A:	0	0	1	1
B:	∧ 0	∧ 1	∧ 0	∧ 1
F:	0	0	0	1

（3）取反：也称"非"运算，用符号"NOT"或上横杠"‾"表示，规则如下：

$$F = NOT \quad A$$

A:	NOT	0	NOT	1
F:		1		0

2. 比特的算术运算

比特的加减乘除运算规则如下。

① 加法运算：$0+0=0$；$0+1=1$；$1+0=1$；$1+1=10$。

② 减法运算：$0-0=0$；$1-0=1$；$10-1=1$；$1-1=0$。

③ 乘法运算：$0\times0=0$；$0\times1=0$；$1\times0=0$；$1\times1=1$。

④ 除法运算：$0/1=0$；$1/1=1$。

提示：两个多位二进制数进行加或减运算时由低位到高位逐位进行。

（三）进制的概念

数制，也称为计数制，是指用一组固定的符号和统一的规则来表示数值的方法。

R 进制数中的 R 是表示一个数所需要的数字字符的个数，R 称为基数，所用数字字符称为数码，其加法规则是"逢 R 进一"。处在不同位置上的数字所代表的值是确定的，这个固定位上的值称为位权，简称"权"。各进位制中位权的值恰巧是基数的若干次幂。因此，一般情况下任何一种数制表示的数都可以写成按权展开的多项式之和。

1. 十进制（用 D 表示十进制）

十进制是指使用 0、1、2、3、4、5、6、7、8、9 这样十个状态表示数值，基数为 10，逢十进一，也就是 $9+1=10$，这时就用两位数来表示数值了。

若设任意一个十进制数 D，有 n 位整数、m 位小数：$D_{n-1}D_{n-2}\cdots D_1D_0D_{-1}\cdots D_{-m}$，权是以 10 为底的幂，则该十进制数的展开式为：

$$D=D_{n-1}\times10^{n-1}+D_{n-2}\times10^{n-2}+\cdots+D_1\times10^1+D_0\times10^0+D_{-1}\times10^{-1}+\cdots+D_{-m}\times10^{-m}$$

例如：十进制数 12345.67，其按权展开式为：

$$12345.67=1\times10^4+2\times10^3+3\times10^2+4\times10^1+5\times10^0+6\times10^{-1}+7\times10^{-2}$$

2. 二进制（用 B 表示二进制）

二进制还有 0 和 1 两个状态，基数为 2，逢二进一。使用二进制优点：易于物理实现，可靠性高，通用性强（逻辑真，逻辑假；对应 1 和 0），运算规则简单。

若设任意一个二进制数 B，有 n 位整数、m 位小数：B_{n-1}、B_{n-2}、$\cdots$、B_1、B_0、B_{-1}、$\cdots$、B_{-m}，权是以 2 为底的幂，则该二进制数的展开式为：

$$B=B_{n-1}\times2^{n-1}+B_{n-2}\times2^{n-2}+\cdots+B_1\times2^1+B_0\times2^0+B_{-1}\times2^{-1}+\cdots+B_{-m}\times2^{-m}$$

例如：二进制数 101011.011，可写为 101011.011B，其按权展开式为：

$$101011.011B=1\times2^5+0\times2^4+1\times2^3+0\times2^2+1\times2^1+1\times2^0+0\times2^{-1}+1\times2^{-2}+1\times2^{-3}$$
$$=43.375D$$

众所周知,二进制是德国数学家莱布尼茨发明的,他发明二进制的灵感来源于中国的八卦,虽然大家对此有一定的怀疑,但是二进制确实和八卦有着很大的相似之处,而且他确实发表过论文《关于仅用0和1两个符号的二进制算术的说明,并以此解释古代中国伏羲图的探讨》。

八卦作为我国的传统艺术中的一大瑰宝,不仅仅对数学有着深远的影响,而且对很多其他行业也起到了至关重要的作用。

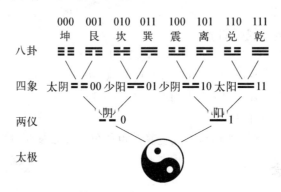

图 1.1.5   二进制与伏羲八卦

3. 八进制数(用 Q 表示八进制)

八进制是使用 0、1、2、3、4、5、6、7 这样八个状态表示数值,逢八进一。

若设任意一个八进制数 Q,有 n 位整数,m 位小数:$Q_{n-1}Q_{n-2}\cdots Q_1Q_0.Q_{-1}\cdots Q_{-m}$,权是以 8 为底的幂,则该八进制数的展开式为:

$$Q=Q_{n-1}\times 8^{n-1}+Q_{n-2}\times 8^{n-2}+\cdots+Q_1\times 8^1+Q_0\times 8^0+Q_{-1}\times 8^{-1}+\cdots+Q_{-m}\times 8^{-m}$$

例如:八进制数 235.37,可写为 235.37Q,其按权展开式为:

$$235.37Q=2\times 8^2+3\times 8^1+5\times 8^0+3\times 8^{-1}+7\times 8^{-2}$$
$$=157.484375D$$

4. 十六进制数(用 H 表示十六进制)

十六进制在古代就有使用,古代重量单位用的 16 进制,秤是折叠起来算重量的,所以 2 的 n 次方,用 16 表示斤,半斤为 8 两。在计算机中,因为二进制太长,所以使用 16 进制来表示数值,使用 0、1、2、3、4、5、6、7、8、9、A、B、C、D、E、F 这样 16 个状态来表示,基数为 16,逢 16 进一。

若设任意一个十六进制数 H,有 n 位整数,m 位小数:$H_{n-1}H_{n-2}\cdots H_1H_0.H_{-1}\cdots H_{-m}$,权是以 16 为底的幂,则该十六进制数的展开式为:

$$H=H_{n-1}\times 16^{n-1}+H_{n-2}\times 16^{n-2}+\cdots+H_1\times 16^1+H_0\times 16^0+H_{-1}\times 16^{-1}+\cdots+H_{-m}\times 16^{-m}$$

例如:十六进制数 235.37 书写为 235.37H,其按权展开式为:

$$235.37H=2\times 16^2+3\times 16^1+5\times 16^0+3\times 16^{-1}+7\times 16^{-2}$$
$$=565.2148D$$

5. 其他进制

十二进制,在年份中使用,一年为 12 个月,我们买袜子的时候一打也是 12 双。

六十进制,用在时间单位中,当时用绳子画圆,一端在中心,一端画圆,画好后用绳子进行六十等分,所以使用六十进制。

大家可以想一想,还有哪些进制是在生活中使用到的。

提示:二、八、十六进制以及其他进制转换为十进制,只需按权展开即可。

决定数制的不仅仅是计算工具本身,也可能是制作工具或工艺。计算机是由数字电子电路组成的,而数字电子电路由门电路组成,门电路有打开和关闭两种方法,用高电平和低电平,所以用二进制。计算机采用二进制,根本原因是它用门电路作为其基本物理器件。

(四)进制的转换

1. 十进制数转换为二进制数

(1) 十进制整数转换为二进制整数

方法:除2取余,倒排列。

例如:十进制数134转换为二进制数的过程如右所示。

(2) 十进制小数转换为二进制小数

方法:乘2取整,正排列。即:将已知的十进制数的纯小数(不包括乘后所得整数部分)转换为R进制,只要反复乘以R,反复取整数,直到乘积的小数部分为0,否则小数点后的位数取到要求的精度位为止。取整数的过程是由高位到低位。

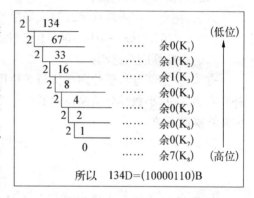

所以　134D=(10000110)B

例如:0.6875转换为二进制小数过程如下:

取整数部分

$$0.6875 \times 2 = 1.3750 \quad \cdots\cdots 1$$

$$0.3750 \times 2 = 0.7500 \quad \cdots\cdots 0$$

$$0.7500 \times 2 = 1.5000 \quad \cdots\cdots 1$$

$$0.5000 \times 2 = 1.0 \quad \cdots\cdots 1$$

一个十进制数转换为二进制数,整数部分转换为二进制整数,小数部分转换为二进制小数,如134.6875D=10000110.1011B。

2. 二、八、十六进制相互转换

二进制、八进制、十进制、十六进制之间对应关系如表1.1.1所示。

表1.1.1　各种进制对应关系

十进制	二进制	八进制	十六进制	十进制	二进制	八进制	十六进制
0	0000	0	0	8	1000	10	8
1	0001	1	1	9	1001	11	9
2	0010	2	2	10	1010	12	A
3	0011	3	3	11	1011	13	B

十进制	二进制	八进制	十六进制	十进制	二进制	八进制	十六进制
4	0100	4	4	12	1100	14	C
5	0101	5	5	13	1101	15	D
6	0110	6	6	14	1110	16	E
7	0111	7	7	15	1111	17	F

3. 二进制数与八进制数相互转换

因为二进制的进位基数是 2,而八进制的进位基数是 8,$2^3 = 8$。所以三位二进制数对应一位八进制数。

八进制换算成二进制:

方法:把每个八进制数字改写成等值的 3 位二进制数,且保持高低位的次序不变即可。

例如:2467.32Q → 010 100 110 111 . 011 010 B＝10 100 110 111 . 011 01 B

二进制换算成八进制:

方法:整数部分从低位向高位每 3 位用一个等值的八进制数来替换,不足 3 位时在高位补 0 凑满 3 位;小数部分从高位向低位每 3 位用一个等值八进制数来替换,不足 3 位时在低位补 0 凑满三位。

例如:1 101 001 110.110 01 B　→　001　101　001　110.　110　010 B →1516.62 Q

　　　　　　　　　　　　　　　　　　1　5　1　6.　6　2

4. 二进制数与十六进制数的相互换算

因为二进制的基数是 2,而十六进制的基数是 16,$2^4 = 16$。所以四位二进制数对应一位十六进制数。

二进制数与十六进制数相互换算的方法是:完全类似于二、八进制数相互转换,只要将上面 3 位二进制数一组改为 4 位二进制数一组即可。

例如:将二进制数(11011111101111011.1101111)B 换算成十六进制数的方法为:

0011　0111　1111　0111　1011.　1101　1110

3　7　F　7　B.　D　E

所以,(11011111101111011.1101111)B＝(37F7B.DE)H

例如:将十六进制数(5E4F.AC)H 转换为二进制数的方法为:

(5E4F. AC)H→0101　1110　0100　1111. 1010　1100

所以,(5E4F.AC)H＝(101111001001111. 101011)B

以上讨论可知,二进制与八进制、十六进制的转换比较简单、直观。所以在程序设计中,通常将书写起来很长且容易出错的二进制数用简捷的八进制数或十六进制数表示。

至于十进制转换成八进制、十六进制的过程则与十进制转换成二进制完全类似,只要将基数 2 改为 8 或 16 就行了。

5. 利用计算器进行验证

① 启动计算机,进入 Windows 操作界面。

② 在此操作界面下，单击"开始"→"程序"→"附件"→"计算器"，启动"计算器"程序。

③ 点击"查看"→"科学型"，将标准计算器窗口转换成科学型计算器窗口。

④ 确定被转换的进制，输入数值，再点击目标进制，即完成转换。

标准型计算器与科学型计算器的界面分别如图 1.1.6 和图 1.1.7 所示。

图 1.1.6 标准型计算器 　　　　　　　图 1.1.7 科学型计算器

（五）数值的表示

数值信息指的是数学中的数，它有正负和大小之分，计算机中的数值分为整数和实数两大类，整数不使用小数点，或者说小数点隐藏在个位数的右边，所以整数也叫"定点数"，计算机中的整数又分为不带符号的整数和带符号的整数。不带符号的整数也就是没有符号，此类整数表示正整数，而带符号的整数可以表示为正数或者是负数。

1. 无符号整数

无符号整数一般用于表示地址、索引等正整数，它们可以是 8 位、16 位、32 位等，其取值范围由位数决定：

8 位：可表示 $0 \sim 255$（2^8-1）范围内的所有正整数。

16 位：可表示 $0 \sim 65\,535$（$2^{16}-1$）范围内的所有正整数。

n 位：可表示 $0 \sim 2^n-1$ 范围内的所有正整数。

2. 带符号整数

带符号整数需要使用一个二进制位作为符号位，一般使用最高位表示，用"0"来表示正整数，用"1"表示负整数，其余各位用来表示数值的大小。

但是，数值为负的整数在计算机内不采用"原码"而采用"补码"的方法表示，即符号位为"1"，表示数值大小的绝对值部分按位取反后再在末位加 1。

原码可表示的整数范围：

8 位原码：$-2^7+1 \sim 2^7-1$（$-127 \sim 127$）。

16 位原码：$-2^{15}+1 \sim 2^{15}-1$（$-32\,767 \sim 32\,767$）。

n 位原码：$-2^{n-1}+1 \sim 2^{n-1}-1$。

练 习

1. 存储在 U 盘和硬盘中的文字、图像等信息，都采用_____代码表示。

A. 十进制　　　　　B. 二进制　　　　　C. 八进制　　　　　D. 十六进制

2. 下列关于比特(二进位)的叙述中错误的是_____。

A. 比特是组成数字信息的最小单位

B. 比特只有"0"和"1"两个符号

C. 比特既可以表示数值和文字，也可以表示图像或声音

D. 比特通常使用大写的英文字母 B 表示

3. 某计算机内存储器容量是 2 GB，则它相当于_____ MB。

A. 1 024　　　　　B. 2 048　　　　　C. 1 000　　　　　D. 2 000

4. 某 U 盘的容量是 1 GB，这里的 1 GB 是_____字节。

A. 2 的 30 次方　　B. 2 的 20 次方　　C. 10 的 9 次方　　D. 10 的 6 次方

5. 数据传输速率是计算机网络的一项重要性能指标，下面不属于计算机网络数据传输常用单位的是_____。

A. kb/s　　　　　B. Mb/s　　　　　C. Gb/s　　　　　D. MB/s

6. PC 机中无符号整数有四种不同的长度，十进制整数 256 在 PC 中使用无符号整数表示时，至少需要用_____个二进位表示最合适。

A. 64　　　　　　B. 8　　　　　　C. 16　　　　　　D. 32

任务二 计算机硬件

 任务描述

随着计算机的逐渐普及,使用计算机的人也越来越多,本任务要求掌握计算机的组成,了解计算机的工作原理。

 任务目标

☞ 掌握计算机组成的五大部分;

☞ 了解 CPU 的结构及功能;

☞ 了解 PC 机主机的部件;

☞ 掌握常用输入设备及输出设备;

☞ 掌握常用外存储器。

 任务知识

现代计算机的设计组成是由冯·诺依曼提出的,他提出了三条基本思想:

采用二进制数的形式表示程序和数据。

将程序和数据存放在存储器中。

计算机硬件由控制器、运算器、存储器、输入设备和输出设备五大部分组成。

一个完整的计算机系统由硬件系统和软件系统两大部分组成,两者缺一不可。如图1.2.1所示。

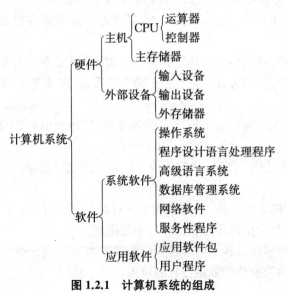

图 1.2.1 计算机系统的组成

计算机硬件是指有形的物理设备,是计算机系统中实际物理装置的总称。如计算机键盘、鼠标、显示器、机箱、主板、CPU、存储器、打印机、扫描仪等。

计算机软件是相对于计算机硬件而言的,计算机软件是指在硬件上运行的程序、运行程序所需的数据和有关文档的总称。无软件的计算机也称为"裸机",只能起摆饰作用。软件依靠硬件来执行,没有硬件的软件也就无一用处。

一、计算机的主机

硬件(hardware)是计算机系统中由电子、机械和光电元件等组成的各种计算机部件和计算机设备。这些部件和设备依据计算机系统结构的要求构成的有机整体称为计算机硬件系统(hardware system)。硬件是计算机工作的物质基础。

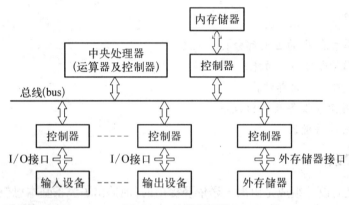

图 1.2.2　计算机系统

(一) 中央处理器

中央处理器(CPU)是计算机的核心部件,是由超大规模集成电路(VLSI)工艺制成的芯片;CPU 主要由运算器和控制器组成,它还包含若干寄存器等。

运算器又称为算术逻辑单元,简称 ALU,其主要功能是完成对数的算术运算和逻辑运算等操作。

控制器是指挥计算机的各个部件按照指令的功能要求协调工作的部件,是计算机的"神经中枢",采用内存程序控制方式。它有一个指令计数器,用来存放 CPU 正在执行的指令的地址。

寄存器(组)是用来存放当前运算所需的各种数据、地址信息、中间结果等内容,它的速度很快。

CPU 的主要任务是执行指令,它按照指令的要求完成对数据的运算和处理。那什么是指令呢?

指令是构成程序的基本单位,是用来规定计算机执行的操作和操作对象所在存储位置的一个二进制位串。指令由操作码和操作数地址组成。

操作码:指明计算机应该执行的某种操作的性质和功能,是一个二进制代码。

操作数地址:指出被操作的数据存放的位置。

指令的执行过程分为 4 个步骤：

① 取指令：控制单元从 cache 或主存储器读取一条指令并放入指令寄存器。

② 指令译码：控制单元中的译码电路对指令寄存器中保存的指令的操作码部分进行解释翻译并产生控制信号。

③ 指令执行：执行单元取操作数，完成指令所规定的运算或操作。

④ 保存结果：执行单元保存运算结果到寄存器或内存储器，指令计数器自动形成下一条将要执行的指令所在的存储单元地址。

每一种 CPU 都有自己独特的一组指令，CPU 所能执行的全部指令称为该 CPU 的指令系统。为了解决软件兼容性问题，通常采用"向下兼容方式"。

微型计算机系统的性能指标主要由 CPU 的性能指标决定，CPU 的性能指标主要有时钟频率和字长。

时钟频率（主频）是指同步电路中时钟的基础频率，它以"若干次周期每秒"来度量，以 MHz 或 GHz 表示，它决定着 CPU 芯片内部数据传输与操作速度的快慢，通常时钟频率越高其处理数据的速度相对也越快。

字长是 CPU 的主要技术指标之一，指的是 CPU 一次能并行处理的二进制位数，字长总是 8 的整数倍，通常 PC 机的字长为 16 位（早期），32 位，64 位。如 Intel 80286 型号的 CPU 每次能处理 16 位二进制数据，80386 和 80486 型号的 CPU 每次能处理 32 位二进制数据，而 Pentium 4 型号的 CPU 每次能处理 64 位二进制数据。

CPU 大部分使用了美国 Intel 公司生产的芯片，如图 1.2.3 所示。

图 1.2.3　CPU 芯片

目前 Intel 九代酷睿有三种产品：i9/i7/i5，除了具有高性价比优势外，Intel 九代酷睿还能够使笔记本电脑更具便携性、更好的无线网络连接能力、更快的数据传输速度。具体到产品上，Intel 第九代酷睿 H 系列、HK 系列基于 14 nm 制程工艺的 Coffee Lake 架构打造，包含了 Intel 酷睿 i5-9300H、Intel 酷睿 i5-9400H、Intel 酷睿 i7-9750H、Intel 酷睿 i7-9850H、Intel 酷睿 i9-9880H 以及 Intel 酷睿 i9-9980HK 等，其中第九代酷睿 H 系列处理器一般来说主要应用于游戏本，九代酷睿 i5 核心显卡为 UHD630，支持双通道 DDR4-2666 内存。除了 CPU 主频和线程的提升，新平台通过改进的英特尔 Dynamic Tuning 可以发挥处理器最大性能。

"龙芯"系列芯片是由中国科学院中科技术有限公司设计研制的，采用 MIPS 体系结构，具有自主知识产权，产品现包括龙芯 1 号小 CPU、龙芯 2 号中 CPU 和龙芯 3 号大 CPU 三个系列，此外还包括龙芯 7A1000 桥片。龙芯 1 号系列 32/64 位处理器专为嵌入式领域设计，主要应用于云终端、工业控制、数据采集、手持终端、网络安全、消费电子等领域,具有低功耗、高集成度及高性价比等特点。其中龙芯 lA 32 位处理器和龙芯 1C 64 位处理器稳定工作在 266～300 MHz,龙芯 1B 处理器是一款轻量级 32 位芯片。龙芯 1D 处理器是超声波热表、水表和气表的专用芯片。2015 年,新一代北斗导航卫星搭载着我国自主研制的龙芯 1E 和 1F 芯片,这两颗芯片主要用于完成星间链路的数据处理任务一。

(二) 存储器

计算机能够把程序和数据存储起来,具有这种功能的部件就是"存储器",计算机的存储器分为内存和外存两大类。内存的存取速度快而容量相对较小,它与 CPU 直接相连,用来存放等待 CPU 运行的程序和处理的数据。外存的存取速度慢而容量相对很大,它与 CPU 并不直接相连,用于永久性地存放计算机中几乎所有的信息。

图 1.2.4　内存

内存储器由称为存储器芯片的半导体集成电路组成。半导体存储芯片主要按照是否能随机进行读写,分为随机存取存储器和只读存储器两大类。

RAM 是一种既可以存入数据,也可以从中读出数据的内存,平时所输入的程序、数据等便是存储在 RAM 中。但计算机关机或意外断电时,RAM 中的数据就会消失,所以 RAM 只是一个临时存储器。RAM 又分为静态 RAM (SRAM)和动态 RAM(DRAM)两种。

① DRAM(动态随机存取存储器):芯片的电路简单,集成度高,功耗小,成本较低,适合使用于内存储器的主体部分。

② SRAM(静态随机存取存储器):电路较复杂,集成度低,功耗较大,制造成本高,价格贵,适合用作高速缓冲存储器 cache。

ROM 是只能从其中读出数据而不能将数据写入的内存。在关机或断电时,ROM 中的数据也不会消失,所以多用来存放永久性的程序或数据。ROM 内的数据是在制造时由厂家用专用设备一次写入的,一般用于存放系统程序 BIOS 和用于微程序控制。随着半导体技术的发展,陆续出现了可编程只读存储器 PROM、可擦除的可编程只读存储器 EPROM、电可擦除 EPROM 等,它们都需专用设备才可写入内容。ROM 可分为:

① Mask ROM(掩膜 ROM):存储的数据由工厂在生产过程中一次形成,此后再也无法进行修改。

② PROM 和 EPROM:用户可使用专写装置写入信息,前者不能改写,后者可以通过专用设备改写其中的信息。

③ Flash ROM(快擦除 ROM 或闪烁存储器):新型的非易失性存储器,但又像 RAM 一样能方便地写入信息。

主存储器主要由 DRAM 芯片组成,它包含大量的存储单元,每个存储单元可以存放 1 个字节(8 个二进制位)。存储器的存储容量就是指它所包含的存储单元的总和,单位一般是 MB 或者 GB。计算机为了区分存储器中的各个存储单元(8 位一个存储单元),把全部存储单元从 0 开始按顺序编号,这些编号称为存储单元的地址。每个存储单元必须由唯一的编号(称为地址)来标识。

由于 CPU 速度的不断提高,而主存由于容量大,读写速度大大低于 CPU 的工作速度,直接影响了计算机的性能。为了解决主存与 CPU 工作速度上的矛盾,设计者们在 CPU 和主存之间增设一至两级容量不大、但速度很高的高速缓冲存储器(Cache)。Cache 中存放最常用的程序和数据,当 CPU 访问这些程序和数据时,首先从高速缓存中查找,如果在则直接读取,如果不在 Cache 中,则到主存中读取,同时将程序或数据写入 Cache 中。因此采用 Cache 可以提高系统的运行速度。Cache 由静态存储器(SRAM)构成。

> 随着紫光旗下的长江存储在 2019 年量产 64 层堆栈的 3D 闪存,国产存储器芯片已经崭露头角,结束了存储芯片国产率 0% 的尴尬。目前紫光集团下面有多个公司设计存储芯片业务。

(三) 主板与芯片组

PC 机通常由机箱、显示器、键盘、鼠标器和打印机等组成;机箱内有主板、硬盘、软驱、光驱、电源、风扇等;主板上安装了 CPU、内存、总线、I\O 控制器等。它们是 PC 机的核心。

主板又称母板,在主板上通常安装有 CPU 插座、CPU 调压器、主板芯片组、第 2 级高速缓存(有的已做在 CPU 中)、存储器插座(SIMM 或 DIMM)、总线插槽、ROM BIOS、时钟/CMOS、电池、超级 I/O 芯片等。

主板由印刷电路板、CPU 插座、控制芯片、CMOS 只读存储器、各种扩展插槽、键盘插座、各种连接开关以及跳线等组成。

图 1.2.5 标准 ATX 结构的 Pentium 4 主板

主板上有两块特别有用的集成电路芯片:

1. CMOS 存储器

CMOS 存储器存放用户对计算机硬件所设置的一些参数,包括当前的日期和时间、系统的口令,系统中安装的软盘、硬盘驱动器的数目、类型及参数等。CMOS 是易失性存储器,必须用电池供电,才能使计算机关机后数据不丢失。

2. BIOS ROM(只读存储器)

BIOS ROM 存放 BIOS,它是 PC 机软件中最基础的部分。BIOS 是基本输入/输出系统,它是存放在主板上只读存储器芯片中的一组机器语言程序,具有启动计算机工作、诊断计算机故障及控制低级输入输出操作的功能。

主要包括四个部分的程序:

① POST(加电自检)程序:负责在机器加电后自动对硬件进行检测。

② 系统自举(装入)程序:负责从外部存储设备中读取引导程序,从而完成操作系统的启动,将操作系统装入贮存。

③ CMOS 设置程序:负责设置和更改 CMOS 中存储的系统参数。

④ 基本外围设备的驱动程序。

当接通计算机电源时,系统首先执行 POST 程序,目的是测试系统各部件的工作状态是否正常,从而决定计算机的下一部操作。POST 程序通过读取主板上的 CMOS 中的内容来识别硬件的配置,并根据配置信息对系统各部件进行测试和初始化。

(四) I/O 总线和 I/O 接口

1. I/O(输入/输出设备)总线

组成计算机的硬件部件有 CPU、主存、辅存、输入/输出设备等,要使这些部件能够正常工作,必须要把它们有机地连接起来形成一个系统,在计算机中通过总线将它们连接为一个系统。总线就是系统部件之间传送信息的公共通道,各部件由总线连接并通过总线传递数据和控制信号。

CPU 芯片与北桥芯片相互连接的总线称为 CPU 总线(前端总线),I/O 设备控制器与 CPU、存储器之间相互交换信息、传输数据的一组公用信号线称为 I/O 总线,也叫主板总线。

总线有数据总线、地址总线和控制总线三类,分别传递数据、地址和控制信息。协调和管理总线操作的是总线控制器。

总线的最重要的性能是它的传输速率,也称为总线的带宽,即单位时间内总线上可传输的数据量。

总线带宽=数据线宽度/8×总线工作频率×每个总线周期的传输次数

2. I/O 接口

I/O 设备与主机一般需要通过连接实现互联,计算机中用于连接 I/O 设备的各种插头/插座以及相应的通信规程及电器特性,就称为 I/O 设备接口,简称 I/O 接口。包括插头、插座的形式、通信规程和电器特性等。

I/O 接口的分类:

① 从数据传输方式来看:串行(一位一位地传输数据,一次只能传输 1 位)和并行(8 位或 16 位、32 位一起传输);

② 从数据传输速率来看:低速和高速;

③ 从能否连接多个设备来看:总线式(可串接多个设备,被多个设备共享)和独占式(只能连接 1 个设备);

④ 从是否符合标准来看:标准接口和专用接口之分。

3. USB 接口

USB 接口(通用串行总线接口),是一种可以连接多个设备的总线式串行接口。最多可连接 127 个设备。可连接多种不同类型的外部设备,也是一种外部设备总线标准,USB 接口使用 4 线连接器。

USB 1.0 传输速率为 1.5 Mb/s(慢速),连接低速设备;USB 1.1 传输速率为 1.5 Mb/s(全速),连接中速设备;USB 2.0 与 USB 1.1 兼容,速率高达 480 Mb/s。由 Intel、微软、惠普、德州仪器、NEC、ST-NXP 等业界巨头组成的 USB 3.0 Promoter Group 宣布制定了新一代 USB 3.0 标准已经正式完成并公开发布。USB 3.0 的理论速度为 5.0Gb/s,其实只能达到理论值的 50%,那也是接近于 USB 2.0 的 10 倍了。

USB 接口的特性:

① 高速、串行传输、可连接多个设备。

② 所有设备共享总线的带宽。

③ 可通过 USB 接口由主机向外设提供电源。

④ 符合即插即用规范,支持热插拔。

图 1.2.6　USB 接口及符号

二、外存储器

外部存储器也称辅助存储器,简称外存或辅存,属于永久性存储器,外存不直接与 CPU 交换数据,当需要时先将数据调入内存,再通过内存与 CPU 交换数据。外存与内存相比,其存储容量大、价格较低、存取速度较慢,但在断电情况下可以长期保存数据。常用的外存储器有软盘、硬盘、U 盘以及光盘等。

(一)软盘存储器

软盘存储器由软盘片、软盘驱动器、软盘控制器三部分组成。软磁盘又称软盘片,简称软盘,它是一种两面涂有磁性物质的聚酯薄膜圆形盘片,被封装在一个方形的保护套中。软盘按其尺寸大小可分为 5.25 英寸和 3.5 英寸盘,目前已经不再使用。

一个软盘片有两个磁面,磁面上有许多同心圆,这些同心圆称为磁道,每个圆周为一个磁道,数据存储在软盘的磁道上,通常软盘的磁道数为 80,磁道编号由外圈向内圈增大,最外面为 0 磁道,最大为 79,即 0～79。将同心圆等分为若干个扇区,扇区是磁盘地址的最小单位。一般每个扇区可存储 512 字节的数据,与主机交换信息是以扇区为单位进行的。

图 1.2.7 中的快门是可左右移动的金属片,保护读写窗口。写保护口则对软盘中数据进行读写保护,缺口关闭,可读出数据,也可写入数据;缺口打开,只能读出数据而不能写入数据,此时处于保护状态。

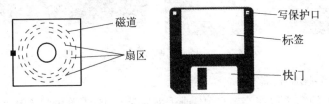

图 1.2.7　软盘

磁盘的存储容量可用如下公式计算:

容量=软盘面数×每面磁道数×每磁道扇区数×每扇区内存字节数

例如:一张 3.5 英寸的双面高密度软盘,每面 80 个磁道,每磁道 18 个扇区,每个扇区存

储 512 字节的数据,所以其存储容量是:

存储容量＝2×80×18×512B＝1.44 MB

新磁盘在使用前首先要进行格式化操作,格式化的作用主要是将磁盘分区,给磁道和扇区编号,设置目录表和文件分配表,检查有无坏磁道且给坏磁道标上不可用标记。如果软磁盘已经存储有数据,对其进行格式化时原有数据将被删除。有些新磁盘在出厂前已经格式化,可直接使用。

(二) 硬盘存储器

1. 硬盘

硬盘存储器简称硬盘,由硬盘盘片(存储介质)、主轴与主轴电机、移动臂、磁头和控制电路等组成。硬盘存储器硬盘上的一块数据要用三个参数定位:柱面号、扇区号和磁头号。

硬盘的盘片由铝合金或玻璃材料制成,盘片的上下两面都涂有一层很薄的磁性材料,通过磁性材料粒子的磁化来记录数据。磁性材料粒子有两种不同的磁化方向,分别用来记录"0"和"1"。盘片表面由外向里分成许多同心圆,每个圆称为一个磁道,盘面上一般都有几千个磁道,每条磁道还要分为几千个扇区,每个扇区的容量一般为 512 字节或 4 KB。盘片两侧各有一个磁头,两面都可记录数据。

通常,一块硬盘由 1~5 张盘片组成,所有盘片上相同半径处的同一磁道称为"柱面"。所以,硬盘上的数据需要使用三个参数来定位:柱面号、扇区号和磁头号。硬盘上的所有单碟都固定在主轴上。主轴底部有一个电机,当硬盘工作时,电机带动主轴,主轴带动盘片上转动。盘片高速旋转时带动的气流将盘片两侧的磁头托起,磁头是一个质量很小的薄膜组件,它负责盘片上数据的写入或读出。移动臂用来固定磁头,并带动磁头沿着盘片的径向高速移动,以便定位到指定的磁道。

目前常见硬盘容量有 1TB、2TB 等,按其接口可分为 SATA 和 SCSI 两种硬盘。

还有一种可移动使用的硬盘,存储容量大(512GB~4TB),采用 USB 或 IEE 1394 接口,即插即用,支持热插拔(必须先停止工作),小巧而便于携带,速度快,安全可靠。

图 1.2.8　硬盘

2. 硬盘的主要性能指标

① 容量:硬盘的容量以兆字节(MB)或千兆字节(GB)为单位,1 GB＝1 024 MB,1 TB＝1 024 GB。但硬盘厂商在标称硬盘容量时通常取 1 G＝1 000 MB,因此我们在 BIOS 中或在格式化硬盘时看到的容量会比厂家的标称值要小。

② 转速(rotation speed 或 spindle speed),是硬盘内电机主轴的旋转速度,也就是硬盘盘片在一分钟内所能完成的最大转数。转速的快慢是标示硬盘档次的重要参数之一,它是

决定硬盘内部传输率的关键因素之一,在很大程度上直接影响到硬盘的速度。硬盘转速以每分钟多少转来表示,单位表示为 RPM,RPM 是 revolutions per minute 的缩写,是转/每分钟。RPM 值越大,内部传输率就越快,访问时间就越短,硬盘的整体性能也就越好。家用的普通硬盘的转速一般有 5 400 rpm、7 200 rpm 几种,高转速硬盘是台式机用户的首选;而对于笔记本用户则是以 4 200 rpm、5 400 rpm 为主。

③ 平均等待时间:数据所在的扇区转道磁头下的平均时间,它是盘片旋转周期的 1/2。

④ 平均寻道时间:把磁头移动道数据所在磁道所需要的平均时间。

⑤ 平均访问时间:平均寻道时间与平均等待时间之和,它表示硬盘找到数据所在扇区所需要的平均时间。

⑥ cache 容量:缓存(cache memory)是硬盘控制器上的一块内存芯片,具有极快的存取速度,它是硬盘内部存储和外界接口之间的缓冲器。由于硬盘的内部数据传输速度和外界介质传输速度不同,缓存在其中起到一个缓冲的作用。缓存的大小与速度是直接关系到硬盘的传输速度的重要因素,能够大幅度地提高硬盘整体性能。

⑦ 数据传输速率:传输速率(data transfer rate)硬盘的数据传输率是指硬盘读写数据的速度,单位为兆字节每秒(MB/s)。硬盘数据传输率又包括了内部数据传输率和外部数据传输率。内部传输率(internal transfer rate)也称为持续传输率(sustained transfer rate),它反映了硬盘缓冲区未用时的性能。内部传输率主要依赖于硬盘的旋转速度。外部传输率(external transfer rate)也称为突发数据传输率(burst data transfer rate)或接口传输率,它标称的是系统总线与硬盘缓冲区之间的数据传输率,外部数据传输率与硬盘接口类型和硬盘缓存的大小有关。

3. 硬盘使用的注意事项

① 硬盘正在读写时不能关掉电源。

② 保持使用环境的清洁卫生,注意防尘,控制环境温度,防止高温、潮湿和磁场的影响。

③ 防止硬盘受震动。

④ 及时对硬盘进行整理,包含目录的整理、文件的清理、磁盘碎片整理等。

⑤ 防止计算机病毒对硬盘的破坏,对硬盘定期进行病毒检测。

(三) 光盘存储器

光盘是利用激光进行读写信息的辅助存储器,呈圆盘状。在 IT 行业和用户中占有十分重要的地位,它的高存储容量、数据持久性、安全性一直深受广大用户的青睐。光盘存储系统由光盘片和光盘驱动器组成。

光盘驱动器也叫光驱,主要类型有 CD 只读光驱、DVD 只读光驱、CD 光盘刻录机、DVD 光盘刻录机、组合光驱、蓝光光驱 BD 等。

图 1.2.9　光盘驱动器

常见的光盘的类型如下：

① CD 光盘

CD-ROM：只读型光盘，与 ROM 类似，光盘中的数据由厂家事先写入，用户只能读取其中的数据而无法修改。光盘上有一条由内向外的螺旋状细槽，细槽中布满了细小的光学坑洞，数据就是存放在这一细槽中，CD-ROM 特点是存储容量可达 640 MB，复制方便，成本低。最早应用于数字音响领域。

CD-R：可记录式光盘，用户可以写入数据，但只能写入一次，一旦写入后 CD-R 就同 CD-ROM 一样了。

CD-RW：可重复擦写型光盘存储器，其功能与磁盘类似，可对其反复进行读/写操作。

② DVD 光盘

DVD-ROM：可以读取一般光盘及 DVD 光盘中的数据。

DVD+/−R：限写一次的 DVD。

DVD-RAM：可多次读写的光盘。

③ 蓝光光盘

蓝光光盘是全高清晰度影片的理想存储介质。

（四）U 盘

U 盘，也叫优盘，全称 USB 闪存盘，英文 USB flash disk，采用 Flash 存储器（闪存）芯片，体积小，重量轻，容量可以按需要而定，一般几百 MB 到几十 GB，具有写保护功能，数据保存安全可靠，使用寿命长，使用 USB 接口，即插即用，支持热插拔（必须先停止工作），读写速度比软盘快，可以模拟软驱和硬盘启动操作系统。如图 1.2.10 所示。

图 1.2.10　优盘

三、常用输入输出设备

（一）常用输入设备

输入设备用于向计算机输入命令、数据、文本、声音、图像和视频等信息，主要有键盘、鼠标、扫描仪、数码相机、光笔、条码阅读机、话筒等。

1. 键盘

键盘是用于操作计算机设备运行的一种指令和数据输入装置，也指经过系统安排操作一台机器或设备的一组功能键(如打字机、电脑键盘)。键盘也是组成键盘乐器的一部分,也可以指使用键盘的乐器,如钢琴、数位钢琴或电子琴等,键盘有助于练习打字。

键盘是计算机最常用也是最主要的输入设备,可输入字母、数字、标点符号等。一般都是 104 键,也有了 108 键的键盘。

键盘上的按键大多是电容式的,电容式键盘的优点是:击键声音小,无接触,不存在磨损和接触不良等问题,寿命较长,手感好。按键采用密封组装,键体不可拆卸,可避免灰尘。

键盘接口主要有 PS/2、USB、无线接口等。

图 1.2.11 标准键盘

PC 键盘中主要控制键的作用如表 1.2.1 所示。

表 1.2.1 计算机键盘主要控制键含义

控制键名称	主要功能
【Alt】	alternate 的缩写,它与另一个(些)键一起按下时,将发出一个命令,其含义由应用程序决定
【Break】	经常用于终止或暂停一个 DOS 程序的执行
【Ctrl】	control 的缩写,它与另一个(些)键一起按下时,将发出一个命令,其含义由应用程序决定
【Delete】	删除光标右面的一个字符,或者删除一个(些)已选择的对象
【End】	一般是把光标移动到行末
【Esc】	escape 的缩写,经常用于退出一个程序或操作
【F1】~【F12】	共 12 个功能键,其功能由操作系统及运行的应用程序决定
【Home】	通常用于把光标移动到开始位置,如一个文档的起始位置或一行的开始处
【Insert】	输入字符时有覆盖方式和插入方式两种,Insert 键用于在两种方式之间进行切换
【Num Lock】	数字小键盘可用作计算器键盘,也可用作光标控制键,由本键进行切换
【Page Up】	使光标向上移动若干行(向上翻页)
【Page Down】	使光标向下移动若干行(向下翻页)
【Pause】	临时性地挂起一个程序或命令
【Print Screen】	记录当时的屏幕映像,将其复制到剪贴板中

2. 鼠标

鼠标器是一种指示设备,能方便地控制屏幕上的鼠标箭头准确地定位到指定位置处,并通过按钮完成各种操作。鼠标器的技术指标之一是分辨率,用 dpi 表示,它指鼠标每移动一英寸距离可分辨点的数目。分辨率越高,定位精度越好。鼠标通常有两个按键,称为左键和右键,还有滚轮,以电信号形式传送给主机。

鼠标根据工作原理可分为机械式鼠标、光机式鼠标、光电式鼠标。鼠标器与主机的接口有两种：PS/2 接口、USB 接口。

与鼠标器作用类似的还有操纵杆和触摸屏等。

普通鼠标   指点杆   触摸板   轨迹球   操纵杆

图 1.2.12   各类与鼠标功能相似的设备

3. 数码相机

数码相机是一种利用感光元件,通过镜头将聚焦的光线转换成数字图像信号的照相机。它所拍出来的底片不是存储在传统的底片上,而是存储在相机的内存中。这些存储在数码相机内存中的数字图像信息输入计算机,然后通过打印机可直接打印也可通过图像处理软件做各种编辑或特殊效果的处理。

数码相机的主要性能指标：CCD 像素数目和存储器容量。像素数目决定数字图像能够达到的最高分辨率,像素越高图像越清晰,数据量也越大,现在市场上较常见的都是 500 万～1 000 万像素；存储器容量越大,存储的照片越多。常用存储介质有：SM 卡、CF 卡、记忆棒、SD 卡等。

图 1.2.13   数码相机

4. 扫描仪

扫描仪是一种通过光学扫描,将图形、图像或文本输入到计算机中,供计算机存储、处理的设备,一台扫描仪的主要指标是分辨率和分色能力。

图 1.2.14   扫描仪

分辨率是用来衡量扫描仪品质的指标,分辨率越高,扫描出来的图像越清晰,分辨率通常以"dpi"为单位,表示在一英寸长度内取样的点数。

分色能力是一台扫描仪分辨颜色的细腻程度,以"位"作为单位,这个数值越大,扫描出的图像色泽越接近于原稿。目前扫描仪一般有 24 位以上的分色能力。

(二) 常用输出设备

输出设备能将计算机的数据处理结果转换为人或被控制设备所能接受和识别的信息。常用的输出设备有显示器、打印机、投影仪、绘图仪等。

1. 显示器与显示卡

显示器是必不可少的一种图文输出设备,其作用是将数字信号转换为光信号,使文字与图形在屏幕上显示出来。

显示器又分为阴极射线管显示器 CRT 显示器和液晶显示器 LCD。目前主流的是液晶显示器,液晶显示器是借助液晶对光线进行调制而显示图像的一种显示器。

计算机显示器通常由两部分组成:监视器和显示控制器。

图 1.2.15　CRT 显示器和液晶显示器

显示器的主要性能指标:

① 显示器的尺寸:显示器屏幕对角线来度量,有 15 英寸、17 英寸、19 英寸和 21 英寸等。

② 屏幕横向与纵向的比例:普通屏一般是 4∶3,宽屏则为 16∶10 或 16∶9。

③ 显示器的分辨率:整屏显示像素的多少,一般用"水平分辨率×垂直分辨率"来表示,分辨率越高,图像越清晰。

④ 刷新速率:显示的图像每秒钟更新的次数,刷新率越高,图像的稳定性就越好。

⑤ 可显示颜色数目:一个像素可显示出多少种颜色,由表示这个像素的二进制位数决定。

⑥ 辐射和环保:显示器工作时一般会产生一定的电磁辐射,可能导致信息泄露,影响信息安全,也会对人体造成一定伤害,所以显示器必须达到国家显示器能效标准,以节约能源、保证人体安全和防止信息泄露。

选择液晶除了考虑屏幕大小、分辨率、刷新速率、可显示颜色数目以外还应考虑坏点、对比度和亮度、响应时间等。

LCD 使用时需要注意不要遇水,一旦遇水会导致液晶电极腐蚀;关机后注意断电,不要让液晶长时间显示一种固定的图像,像素会过热而损坏,液晶屏非常脆弱,注意抗撞击。

显示卡主要由显示控制电路、绘制处理器、显示存储器和接口电路四个部分组成。大多数使用 PCI-Ex16 接口。显示卡的核心是绘图处理器,又称为帧存储器,刷新存储器或简称 VRAM。

显示卡是主机与显示器的桥梁,GPU 是一种专用处理器,它使用一组用于图像和图形处理的专用指令,采用硬件技术实现,所以速度很快。

2. 打印机

打印机是计算机的重要输出设备,可以将程序、数据、字符、图形打印输出在纸上。目前使用的打印机有针式打印机、喷墨打印机和激光打印机三种。

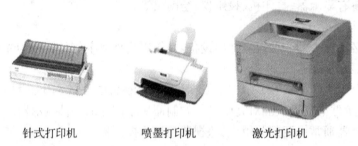

针式打印机　　　　喷墨打印机　　　　激光打印机

图 1.2.16　各类打印机

针式打印机:主要由打印头、运载打印头的小车机构、色带机构、输出纸机构和控制电路等组成。打印头是点阵打印机的核心部分,由若干根钢针组成,通过钢针击打色带,从而在打印纸上打印出字符。根据钢针的数目,点阵打印机可分为 9 针和 24 针打印机等。优点是耗材成本低、可多层打印。缺点是打印机速度慢,噪音大,打印质量差。主要应用于银行、证券、邮电、商业等领域,用于打印存折和票据等。

喷墨打印机:是一种非击打式输出设备,其打印头上有数个墨水喷头,每个喷头前都有一个电极,打印时电极会控制墨水喷头的动作将墨点喷打在打印纸上。优点是整机价格低,可以打印近似全彩色图像,经济,效果好,低噪音,使用低电压,环保,打印速度和打印质量高于点阵式打印机。缺点是墨水成本高,消耗快。主要应用于家庭及办公。喷墨打印机的关键技术是喷头。喷墨打印机根据工作方式可分为压电喷墨技术和热喷墨技术两大类,按喷墨材料的性质又分为水质料、固态油墨和液态油墨等。

激光打印机:是激光技术与复印技术相结合的产物。由激光扫描系统、电子照相系统和控制系统三大部分组成,其打印原理是将每一行要打印出来的墨点记录在光传导体的滚筒上,筒面经激光照射过的位置吸住碳粉,再将附着碳粉的筒面转印到纸张上,如此即可将数据打印出来。激光打印机的优点是打印速度更快、打印质量更高、噪音更低、分辨率更高、价格适中等。缺点是彩色输出价格还比较高。激光打印机多数使用并行接口或 USB 接口;激光打印机分为黑白和彩色两种。

打印机的性能指标:

① 打印精度:用每英寸多少点(像素)表示,单位:dpi,一般产品为 400 dpi、600 dpi、800 dpi,高的甚至达到 1 000 dpi 以上。

② 打印速度:激光打印机和喷墨打印机的速度单位是每分钟打印多少页纸,针式打印机的打印速度用 CPS(每秒钟打印的字符数目)来表示。

③ 色彩数目:打印机可打印的不同彩色的总数。

④ 其他：打印成本、噪音、打印幅面大小、可打印字体的数目及种类、功耗及节能功能、可打印的拷贝数目、与主机的接口类型等。

练习

1. CPU 主要由寄存器组、运算器和控制器等部分组成，其中控制器的基本功能是_____。

A. 进行算术运算和逻辑运算

B. 存储各种数据和信息

C. 保持各种控制状态

D. 指挥和控制各个部件协调一致地工作

2. 关于内存与外存，下列叙述中错误的是_____。

A. 内存中的数据可直接被 CPU 访问　　B. 所有内存储器都是易失性存储器

C. 外存中的程序不能直接被 CPU 执行　　D. 所有外存储器都是非易失性存储器

3. 计算机硬件系统中指挥、控制计算机工作的核心部件是_____。

A. 输入设备　　　B. 输出设备　　　C. 存储器　　　D. CPU

4. 若一台计算机的字长为 32 位，则表明该计算机_____。

A. CPU 总线的数据线共 32 位

B. 能处理的数据最多由 4 个字节组成

C. 在 CPU 中定点运算器和寄存器为 32 位

D. 在 CPU 中运算的结果最大为 2 的 32 次方

5. 下面关于 PC 机内存条的叙述中，错误的是_____。

A. 内存条上面安装有若干 DRAM 芯片　　B. 内存条是插在 PC 主板上的

C. 内存条两面均有引脚　　　　　　　　D. 内存条上下两端均有引脚

6. 芯片组集成了主板上许多的控制功能，下列关于芯片组的叙述中，错误的是_____。

A. 芯片组提供了多种 I/O 接口的控制电路

B. 芯片组由超大规模集成电路组成

C. 芯片组已标准化，同一芯片组可用于多种不同类型和不同性能的 CPU

D. 主板上所能安装的内存条类型也由芯片组决定

7. 下面是关于 BIOS 的一些叙述，正确的是_____。

A. BIOS 是存放于 ROM 中的一组高级语言程序（闪烁存储器）

B. BIOS 中含有系统工作时所需要的全部驱动程序

C. BIOS 系统由加电自检程序，系统主引导记录的装入程序，CMOS 设置程序，基本外围设备的驱动程序组成

D. 没有 BIOS 的 PC 机也可以正常启动工作

8. 下列关于 USB 接口的叙述，正确的是_____。

A. USB 接口是一种总线式串行接口　　B. USB 接口是一种并行接口

C. USB 接口是一种低速接口　　　　　D. USB 接口不是通用接口

9. 下面关于鼠标器的叙述中，错误的是_____。

A. 鼠标器输入的是其移动时的位移量和移动方向

B. 不同鼠标器的工作原理基本相同,区别在于感知位移信息的方法不同

C. 鼠标器只能使用 PS/2 接口与主机连接

D. 触摸屏具有与鼠标器类似的功能

10. 下列有关 CRT 和 LCD 显示器的叙述中,正确的是_____。

A. CRT 显示器的屏幕尺寸比较大　　　B. CRT 显示器耗电比较少

C. CRT 显示器正在被 LCD 显示器所取代　　D. CRT 的辐射危害比较大

任务三 计算机软件

 任务描述

计算机中软件和硬件是相互依存,缺一不可的,本任务要求掌握计算机软件的概念,了解软件的分类,操作系统的作用以及程序设计语言处理系统。

 任务目标

☞ 了解什么是计算机软件;
☞ 掌握操作系统的五大管理;
☞ 了解程序设计语言和语言处理系统;
☞ 了解算法的意义。

 任务知识

一、程序和软件

(一) 程序

程序是告诉计算机做什么和如何做的一组指令,这些指令都是计算机所能够理解并且可以执行的一些命令。它以某些程序设计语言编写,运行于某种目标结构体系上。打个比方,程序就如同以英语(程序设计语言)写作的文章,要让一个懂得英语的人(编译器)同时也会阅读这篇文章的人(结构体系)来阅读、理解、标记这篇文章。一般地,以英语文本为基础的计算机程序要经过编译、链接而成为人难以解读,但可轻易被计算机所解读的数字格式,然后放入运行。

程序有如下特点:完成某一确定的任务;使用某种计算机语言描述如何完成该任务;存储在计算机中,并在启动运行后才能起作用。

计算机的灵活性和通用性表现在它通过执行不同的程序来完成不同的任务;即使执行同一个程序,当输入数据不同时输出结构也不一样。

(二) 软件

计算机软件(software)是指能指挥计算机完成特定任务的、以电子格式存储的程序、数据和相关文档,软件=程序+数据+说明文档。

程序(program)是指计算机如何去解决问题或完成任务的一组详细的、逐步执行的语句。

数据(data)是程序所处理的对象及处理过程中使用的参数。

文档(document)则是程序开发、维护和使用所涉及的资料。

软件产品是软件开发商交付给用户用于特定用途的一套程序、数据及相关文档，一般以光盘形式或经过授权从网上下载的。

版权是授予软件作者某种独占权利的一种合法保护形式。

> 版权(copyright)是用来表述创作者因其文学和艺术作品而享有的权利的一个法律用语。版权是对计算机程序、文学著作、音乐作品、照片、游戏，电影等的复制权利的合法所有权。除非转让给另一方，版权通常被认为是属于作者的。大多数计算机程序不仅受到版权的保护，还受软件许可证的保护。版权只保护思想的表达形式，而不保护思想本身。算法、数学方法、技术或机器的设计均不在版权的保护之列。

(三) 计算机软件的分类

1. 从应用的角度来看软件可分为系统软件和应用软件

(1) 系统软件(system software)

系统软件是指为了有效地运行计算机系统、给应用软件开发和运行提供支持或者能为用户管理与使用计算机提供方便的一类软件。系统软件主要包括操作系统、语言处理程序、数据库系统等。

操作系统的主要功能是有效地管理和使用计算机系统资源，给应用软件的开发与运行提供支持，为用户使用与管理计算机提供方便。

语言处理系统的主要功能是将不可执行的源程序转换为可执行的机器语言程序。

数据库系统的主要功能是对保存在数据库中的数据进行管理。

(2) 应用软件(application software)

应用软件是指那些专门用于解决各种具体应用问题的软件。它要借助系统软件的支持来开发和运行。

应用软件又分为通用应用软件和特定应用软件。

① 文字处理软件：WPS、Word、华光、方正；

② 电子表格软件：Excel、Lotus 1-2-3；

③ 图形图像软件：PhotoShop、CorelDraw、3DS；

④ 网络通信软件：IE、FTP、OutLook；

⑤ 网页制作软件：FrontPage、DreamWaver；

⑥ 辅助设计软件：AutoCAD；

⑦ 简报软件：PowerPoint；

⑧ 统计软件：SPSS、SAS。

2. 按照软件权益如何处理来分商品软件、共享软件和自由软件

商品软件是用户需要付费才能得到其使用权的软件。软件许可证是一种法律合同，它确定了用户对软件的使用方式，扩大了版权法给予用户的权利。

共享软件是一种"买前免费试用"的具有版权的软件，它通常可以允许用户先试用一段时间，也允许用户进行拷贝和散发。如果过了试用期，还想试用，则需要交一笔注册费，成为注册用户才能正常使用。

自由软件的创始人是美国 MIT 的理查德·斯塔尔曼博士,他于 1984 年启动开发了"类UNIX 系统"的自由软件工程(名为 GNU),创建了自由软件基金会(FSF),拟定了通用公共许可证(GPL),倡导自由软件的非版权原则。该原则是用户可以共享自由软件,允许随意拷贝、修改其源代码,允许销售和自由传播,但是对软件源代码的任何修改都必须向所有用户公开,还必须允许此后的用户享有进一步拷贝和修改的自由。

除了上面三类软件以外,还有一种免费软件,它是一种不需付费就可以得到的软件,但是用户可能并没有修改和分发该软件的权利,其源代码也不一定公开,例如 Flash Player、360 杀毒软件等。

中国软件行业领军人物,雷军,作为中国互联网代表人物及全球年度电子商务创新领袖人物,曾获中国经济年度人物及十大财智领袖人物、中国互联网年度人物等多项国内外荣誉,并当选《福布斯》(亚洲版)2014 年度商业人物。同时兼任金山、YY、猎豹移动等三家上市公司董事长。

雷军涉猎广泛,写过加密软件、杀毒软件、财务软件、CAD 软件、中文系统以及各种实用小工具等,并和王全国一起做过电路板设计、焊过电路板,甚至还干过一段时间的黑客,解密各种各样的软件。

二、操作系统

操作系统(operating system,OS)是计算机中最重要的一种系统软件,它是一些程序模块的集合,它们能以尽量有效、合理的方式组织和管理计算机的软硬件资源,合理地安排计算机的工作流程,控制和支持应用程序的运行,并向用户提供各种服务,使得用户能灵活、方便、有效地使用计算机,也使计算机系统高效率地运行。

(一)概述

1. 操作系统主要的三个作用
① 为计算机中运行的程序管理和分配各种软硬件资源;
② 为用户提供友善的人机界面,它是用户和计算机的接口;
③ 为应用程序的开发和运行提供一个高效率的平台。
除了以上三个作用外,操作系统还具有辅导用户操作、处理软硬件错误、监控系统性能、保护系统安全等作用。总之,操作系统是"总管家"的地位,是其他软件的基础。
2. 操作系统的启动
安装了操作系统的计算机,操作系统大多驻留在硬盘之类的外存储器中。当加电启动计算机工作时,CPU 首先执行 BIOS 中的自检程序,测试计算机中主要部件的工作状态是否正常。若无异常情况,CPU 将继续执行 BIOS 中的引导装入程序,按照 CMOS 中预先设定的启动顺序,依次搜寻硬盘、光盘或 U 盘,若需要启动硬盘中安装的操作系统,则将其第一个扇区的内容(主引导记录)读到内存,然后将控制权交给其中的操作系统引导程序,由引导程序继续将硬盘中的操作系统装入内存。操作系统装入成功后,整个计算机就处于操作系统的控制之下,用户就可以正常地使用计算机了。

操作系统的五大功能:CPU 管理、存储管理、设备管理、文件管理、作业管理。

① CPU 管理(多任务处理与处理器管理)

中央处理器是计算机系统的核心硬件资源,为了适应人们同时进行多项工作的习惯,也为了提高 CPU 的利用率,操作系统一般都支持若干个程序同时运行,这称为多任务处理。这里的任务是指被装入内存并已经被启动运行的一个应用程序。单任务操作系统是指操作系统的任何时刻只允许一个任务存在。

当多个任务同时在计算机中运行时,每个任务在屏幕上都会有一个窗口与之对应,该窗口既用于显示任务的进展状态和处理结果,也用于接收用户的输入。用户输入信息时,接收用户输入的窗口只有一个,称为活动窗口,它所对应的任务称为前台任务;其他窗口都是非活动窗口,对应的任务称为后台任务。并发多任务是指不管是前台任务还是后台任务,它们都能分配到 CPU 的使用权,因而可以同时运行。

需要注意的是,从宏观上看,这些任务是同时进行的,而微观上任何时刻只有一个任务正在被 CPU 执行,也就是说完成这些任务是由 CPU 轮流执行的。为了支持多任务处理,操作系统中有一个处理器调度程序把 CPU 时间分配给各个任务,调度程序一般采用时间片(如 1/20 s)轮转策略,即每个任务都能轮流得到一个时间片的 CPU 时间。我们称这样的操作系统为分时操作系统。

② 存储管理(管理内存资源)

存储管理的主要功能包括内存的分配和回收、内存的共享和保护、内存的自动扩充等。目的是在有限的内存空间中支持多任务处理,合理地分配和共享内存,提高内存的利用率。

内存储器的容量虽然不断在增加,但是因为成本和安装空间的原因,其容量还是有限制的。在运行大规模或大量数据的程序时,内存往往不够用。特别是在多任务处理时,存储器被多个任务共享,矛盾更加突出。因此,如何对存储器进行有效管理,不仅直接影响到存储器的利用率,而且对系统性能有很大影响。现在,操作系统一般都采用虚拟存储技术进行存储器管理。

在 Windows 操作系统中,虚拟存储器是由计算机中的物理内存(插在主板上的 RAM)和硬盘上的虚拟内存(一个名为 pagefile.sys 的大文件,称为"交换文件"或"分页文件")联合组成的。

程序员在假想的容量极大的虚拟存储空间中编程和运行程序,程序和数据被划分成一个个页面,每个页面大小固定。在用户启动一个任务而向内存装入程序及数据时,操作系统只将当前要执行的一部分程序和数据装入内存,其余页面放在硬盘提供的虚拟内存中,然后开始执行程序,如果执行过程中所需程序或数据不在内存,则从虚拟内存中调入数据,然后继续执行程序。从用户的角度看,该系统所具有的内存容量比实际的内存容量大得多,所以称为虚拟存储器。

③ 文件管理

文件是一组相关信息的集合,计算机中的程序、数据、文档通常都作为文件存放在外存储器中,用户必须以文件为单位对外存储器中的信息进行访问和操作。文件的标识是指包括文件名在内的一组文件说明信息,主要包括:文件名、文件扩展名、文件长度、文件创建及修改地日期和时间、文件正文的起始存储地址、文件读写属性等。文件目录也称为文件夹,它采用多级层次式结构。

文件管理可以有效管理文件的存储空间,合理组织和管理文件系统的目录,支持对文件的存储、读写操作,解决文件信息的共享,保护及访问控制等。文件管理主要职责是如何在外存储器中为创建文件而分配空间,为删除文件而回收空间,并对空闲空间进行管理。这些任务都是由文件管理程序完成的。

④ 作业管理

作业是用户的一次解题过程,由程序、数据、作业说明书三部分组成。作业管理的作用是提供良好的用户接口和用户与操作系统间通信。

⑤ 设备管理

设备管理的作用是按一定的策略为进程分配外设,启动外设进程数据传送,使用户不必了解设备以及接口的技术细节就可以方便地对设备进行操作。设备管理程序负责对系统中的各种输入/输出设备进行管理,处理用户的输入/输出请求,方便、有效、安全地完成输入/输出操作。

(二) 操作系统的分类

按照服务功能可把操作系统分为七类:

1. 单用户操作系统(single user operating system)

单用户操作系统的主要特征是一个计算机系统每次只能支持一个终端用户使用计算机,计算机的所有软、硬件资源由该用户独占。单用户操作系统按同时管理的作业数又可分为单用户单任务操作系统和单用户多任务操作系统。

单用户单任务操作系统一次只能管理一个作业运行,CPU 运行效率低。单用户多任务操作系统允许多个程序或多个作业同时存在和运行。单用户操作系统一般用于微机。如MS-DOS(磁盘操作系统)是单用户单任务操作系统;Windows 3.x 是基于图形界面的 16 位单用户多任务的操作系统;Windows 95/98 是 32 位单用户多任务操作系统。

2. 批处理操作系统(batch processing operating system)

批处理操作系统是以作业为处理对象,连续处理在计算机系统中运行的作业流,如UNIX 操作系统就是用于多用户小型计算机的 32 位批处理操作系统。

3. 分时操作系统(time-sharing operating system)

分时操作系统支持多个终端用户同时使用计算机系统,CPU 按照优先级分配给各个终端时间片,轮流为各个终端服务,由于计算机高速的运算,每个用户感觉到自己独占这个计算机。属于分时系统的有 UNIX、XENIX、LINUX 以及 VAX-11 系列的 VMS 操作系统。

4. 实时操作系统(real-time operating system)

实时操作系统是使计算机系统能及时响应外部事件的请求,并在限定的时间范围内尽快对外部事件进行处理,做出应答。计算机系统用于导弹发射、飞机航行、票证预订、炼钢控制时,要用实时操作系统。

5. 网络操作系统(network operating system)

网络操作系统是管理整个计算机网络资源和方便网络用户的软件的集合,它提供网络通信和网络资源共享功能。网络操作系统除具有单机操作系统的功能以外,还应提供网络通信能力、网络资源管理和提供多种网络服务的功能。当前流行的网络操作系统有:基于TCP/IP 协议的 UNIX 操作系统、Novell NetWare 系统和 Microsoft Windows NT 等。

6. 分布式操作系统

分布式操作系统用于管理分布式计算机系统中资源的操作系统,所谓分布式计算机系统是指由多台计算机组成的计算机网络,其中的若干台计算机可相互协作来完成一个共同任务。

7. 嵌入式操作系统

嵌入式操作系统主要用于嵌入式计算机,这种应用中计算机软硬件只是设备或装置中的一个组成部分,它们是为该设备或装置服务的。这些计算机所运行的是一种快速、高效、具有实时处理功能、代码又非常紧凑的"嵌入式操作系统"。

(三) 常用操作系统

1. Windows 操作系统

Windows 操作系统是一种在个人计算机上广泛使用的操作系统,它是由美国微软公司开发的,最大的特点是支持多任务处理和采用图形用户界面。

图形用户界面的特点如下:

① 每个正在运行的程序在屏幕上都会显示一个对应的窗口,窗口中显示该程序的状态和输入输出的信息,操作系统为应用程序提供了创建窗口等与图形有关的操作函数。

② 操作系统用图形标志来表示系统中各种软硬件资源对象。

③ 操作系统及应用程序均以菜单形式给出操作命令。

④ 用户使用鼠标器点击图标、控制窗口、点击菜单中的命令就可以方便地完成几乎所有的操作。

Windows 是系列软件,微软公司先后推出了多种不同的版本,1989 年起,微软公司开发了一个完全脱离 MS-DOS 的全新内核的操作系统——Windows NT,其目标是面向商业应用,它有较高性能,并达到一定的安全标准。20 世纪流行的 Windows 9x,都是属于 16 位/32 位的混合操作系统。2001 年推出的 Windows XP 既适合家庭用户也适合商业用户。2012 年推出的 Windows 8 操作系统,既支持 PC 机也支持平板电脑,提供了比过去更好的屏幕触控的操作。

Windows 操作系统长期以来垄断了 90% 的市场份额,因此很多办公、教育、娱乐等应用软件都是基于它来编写的,但是 Windows 也存在一些问题如可靠性和安全性。Windows 系统出现不稳定的情况比其他操作系统多,用户操作的反应也会越来越慢,还很容易受到病毒、蠕虫、木马等侵扰,也很容易造成信息泄露,因此我国有关国家机构明确不使用 Windows 8 操作系统。

微软公司于 2015 年 7 月推出了可应用于计算机和平板电脑的操作系统 Windows 10,其在易用性和安全性方面有了极大的提升,除了针对云服务、智能移动设备、自然人机交互等新技术进行融合外,还对固态硬盘、生物识别、高分辨率屏幕等硬件进行了优化完善与支持。

2. UNIX 操作系统

UNIX 最先是美国 Bell 实验室开发的一种通过多用户交互式分时操作系统,其特色是结构简练、功能强大、可移植性好、可伸缩性和互操作性强、网络通信功能强、安全可靠等。

3. Linux 操作系统

Linux 是一种"类 UNIX"的操作系统,它的原创者是芬兰 21 岁的年轻学者林纳斯·托瓦兹,Linux 的内核是一个自由软件,其源代码向世人公开。

4. 手机操作系统

智能手机操作系统是一种运算能力及功能强大的操作系统。具有便捷安装或删除第三方应用程序、用户界面良好、应用扩展性强等特点。目前,使用得最多的手机操作系统有安卓操作系统(Android OS)、iOS 等。

Android OS 是 Google 公司以 Linux 为基础开发的开放源代码操作系统,主要用于便携设备。包括操作系统、用户界面和应用程序,是一种融入了全部 Web 应用的单一平台,具有触摸屏、高级图形显示和上网功能,界面强大等优点。

iOS 原名为 iPhone OS,其核心源自达尔文操作系统(Darwin),主要应用于 iPad、iPhone 和 iPod touch。它以 Darwin 为基础,系统架构分为核心操作系统层、核心服务层、媒体层、可轻触层 4 个层次。它采用全触摸设计,娱乐性强,第三方软件较多,但该操作系统较为封闭,与其他操作系统的应用软件不兼容。

三、程序设计语言与语言处理系统

程序设计语言是指编写程序时所采用的用来描述算法过程的某种符号系统,常用的程序语言分为三种:机器语言、汇编语言、高级语言。

(一) 程序设计语言分类

1. 机器语言(machine language)

机器语言就是代码化的指令系统,用机器语言编写的程序可以被计算机直接执行。所谓代码化是指用"0"和"1"二进制编码表示的、能够在特定型号的 CPU 中被直接执行的机器指令,机器只能识别机器语言。

机器语言程序全部由二进制代码编制,因此不易记忆和理解,也难于修改和维护。

2. 汇编语言(assemble language)

汇编语言用助记符来代替机器指令的操作码和操作数,如用 ADD 表示加法。汇编语言是符号化的指令集合,所谓符号化是指将能在特定型号的 CPU 中执行的机器指令用一种容易记忆和理解的符号来表示,不同型号的计算机系统一般有不同的汇编语言。其优点是直观、比机器语言易学易记、占用内存少、执行速度快;缺点同机器语言一样,面向机器、随机而异、通用性差。用汇编语言编写的源程序,必须用汇编程序翻译成机器语言目标程序才能被计算机执行。

3. 高级语言(high-level language)

1954 年出现了第一种高级语言 FORTRAN。高级语言接近人们自然语言的程序设计语言,是符号化的语句集合。符号化是指用于描述程序中的运算、操作和过程的符号系统,接近自然语言和数学语言,与硬件无关。高级语言不能被 CPU 直接理解和执行,但容易被人阅读和理解,可移植性也很好。

自 20 世纪 80 年代中期出现了新型高级语言,面向对象程序设计(object-oriented programming,OOP),语言是其中最重要的一种,此前的高级语言都是面向过程语言。属于面向过程的高级语言有 BASIC、Pascal、FORTRAN、C、COBOL 等;属于面向对象的高级语言有 C++、Java、Visual Basic 等。

（二）常用程序设计语言介绍

FORTRAN：接近数学公式、简单易用，它是最早出现的一种适用于数值计算的面向过程的程序设计语言，FORTRAN 作为科学计算的主流程序语言，是进行大型科学和工程计算的有力工具，广泛应用于并行计算和高性能计算领域。

Java 语言：面向对象、用于网络环境的程序设计语言，特点是适用于网络分布环境，具有一定的平台独立性、安全性和稳定性。

C 语言和 C++语言：有效地处理了简洁性和实用性、可移植性和高效性之间的矛盾，而且语句表达能力强，还具有丰富的数据类型和灵活多样的运算符。

VFP：Visual FoxPro 的缩写，Visual 在英语中意为"可视的"，Fox 意为"狐狸"，原指美国狐狸数据库软件公司，该公司已被微软公司收购。Pro 为 Progress 的略写，意为"更进一层"。Visual FoxPro 是由 Microsoft 在 FoxPro 的基础上推出的功能强大、可视化、面向对象的数据库编程语言，同时它也是一种强大的数据库管理系统。

BASIC 和 VB：BASIC 是 beginner's all-purpose symbolic instruction code（初学者通用符号指令代码）的缩写，它的特点是简单易学。从 BASIC 开始相继推出了 Quick BASIC、True BASIC 等，目前最新的是 Microsoft 公司推出的 Visual Basic，这是一种功能极强的面向对象的可视化程序设计语言。

PASCAL：这种计算机语言是在 1970 年由苏黎世的 Niklaus Wirth 教授提出的，它是以世界上最早发明计算器（现代计算机的前身）的法国数学家 Blaise Pascal 的名字而命名的，比其他任何一种已有的计算机语言更适于编程教学。实际上，PASCAL 语言的前身包括了 ALGOL 和 PLl 编程语言，PASCAL 语言汲取了这两种语言的精华，从而成为比两者任何一种都更好、更简单的语言。

（三）程序设计语言中的成分和结构

1. 程序设计语言中的成分

数据成分：描述过程中所要处理的相关数据对象（包括数据类型和数据结构等），算术类型、枚举类型、数组数据类型、指针数据类型、用户定义类型；

运算成分：描述数据对象的运算或操作；

控制成分：描述程序的构造和决定程序的执行流程；

传输成分：描述程序运行时初始数据的输入操作和程序产生的结果数据的输出操作。

2. 程序设计语言的结构

主要有三类结构：顺序结构、条件选择结构、重复结构。

顺序结构：按照先后次序依次执行操作序列中的每一个操作，序列中的每一个操作都会被执行并且被执行一次。

选择结构：根据给定条件的成立与否选择两组操作序列中的一个序列执行并放弃另一个序列的执行，两组操作序列中只有一组会被执行并且仅执行一次。

重复结构：根据给定条件的成立与否选择是否反复执行同一操作序列，有三种类型，当型、直到型和计数型。

（四）程序设计语言处理系统

语言处理系统的作用是把用程序语言（包括汇编语言和高级语言）编写的各种程序变换成为可在计算机上执行的程序，或最终计算结果，或其他中间形式。

按照不同的翻译处理方法，可把翻译程序分为以下三类：

① 从汇编语言到机器语言的翻译程序，称为汇编程序。

② 按源程序中语句的执行顺序，逐条翻译并立即执行相应功能的处理程序，称为解释程序。

对源程序进行翻译的方法相当于两种自然语言的"口译"。解释程序对源程序的语句从头到尾逐句扫描、逐句翻译，并且翻译一句执行一句，因而不形成机器语言形式的目标程序。

③ 从高级语言到目标程序的翻译程序，称为编译程序。

编译程序相当于"笔译"，形成计算机上执行的目标程序。

源程序是指由高级语言的语句组成的、不可被 CPU 直接运行的程序。目标程序是指由机器指令组成的、不完整的模块，通常由翻译程序在对源程序实施翻译之后自动生成。可执行程序是指由机器指令组成的、完整的、可直接运行的程序，通常由连接程序将一个或多个目标程序与系统库函数中的相关代码段连接后自动生成。

四、算法

算法是问题求解规则的一种过程描述。在算法中要精确定义一系列规则，这些规则制定了相应的操作顺序，以便在有限的步骤内得到所求问题的解答。算法的性质如下：

① 确定性：算法中的每一步运算必须有确切的定义。

② 有穷性：可终结性，一个算法应能在执行了有限操作步骤后结束（程序可不满足）。

③ 可行性：算法的操作都可以具体执行的。

④ 输入：具有 0 个或多个输入量。

⑤ 输出：至少产生一个输出。

算法和程序的区别：一个程序不一定满足有穷性，如一个运行的操作系统，只要不关闭或结束就永远不会停止，即使没有作业也处于等待输入的状态；程序中的语句必须是机器可执行的，而算法中无此要求。

一个算法的好坏因素，除了考虑其正确性外，还需考虑：

① 执行算法所要占用的计算机资源，有时间和空间两个方面；

② 算法是否易理解，是否易调试和易测试等。

练 习

1. 关于计算机程序和数据的下列叙述中，错误的是_____。

A. 程序所处理的对象和处理后所得到的结果统称为数据

B. 同一程序可以处理许多不同的数据

C. 程序具有灵活性，即使输入数据不正确甚至不合理，也能得到正确的输出结果

D. 程序和数据是相对的，一个程序也可以作为另一个程序的数据进行处理

2. 下列关于自由软件(freeware)叙述中，错误的是_____。

A. 允许随意拷贝

B. 允许自行销售

C. 允许修改其源代码,可不公开源代码修改的具体内容

D. 遵循非版权原则

3. _____软件运行在计算机系统的底层,并负责管理系统中的各类软硬件资源。

A. 操作系统 B. 应用程序 C. 编译系统 D. 数据库系统

4. 在计算机加电启动过程中,(1)加电自检程序(2)操作系统(3)系统主引导记录中的程序(4)系统主引导记录的装入程序,这四个部分程序的执行顺序为_____。

A. (1)(2)(3)(4) B. (1)(3)(2)(4)

C. (3)(2)(4)(1) D. (1)(4)(3)(2)

5. 下列关于操作系统多任务处理的说法中,错误的是_____。

A. Windows 操作系统支持多任务处理

B. 多任务处理通常是将 CPU 时间划分成时间片,轮流为多个任务服务

C. 计算机中多个 CPU 可以同时工作,以提高计算机系统的效率

D. 多任务处理要求计算机必须配有多个 CPU

6. 下面关于 Windows XP 的虚拟存储器的叙述,错误的是_____。

A. 虚拟存储器是由物理内存和硬盘上的虚拟内存联合组成的

B. 硬盘上的虚拟内存实际上是一个文件,称为交换文件

C. 交换文件通常位于系统盘的根目录下

D. 交换文件大小固定,但可以不止 1 个

7. 在 Windows 操作系统中,下列有关文件夹叙述错误的是_____。

A. 网络上其他用户可以不受限制地修改共享文件夹中的文件

B. 文件夹为文件的查找提供了方便

C. 几乎所有文件夹都可以设置为共享

D. 将不同类型的文件放在不同的文件夹中,方便了文件的分类存储

8. 下面关于程序设计语言处理系统的叙述中,错误的是_____。

A. 它用于把高级语言编写的程序转换成可在计算机上直接执行的二进制程序

B. 它本身也是一个(组)软件

C. 它可以分为编译程序、解释程序、汇编程序等不同类型

D. 用汇编语言编写的程序不需要处理就能直接由计算机执行

9. 下面几种说法中,比较准确和完整的是_____。

A. 计算机的算法是解决某个问题的方法与步骤

B. 计算机的算法是用户操作使用计算机的方法

C. 计算机的算法是运算器中算术逻辑运算的处理方法

D. 计算机的算法是资源管理器中文件的排序方法

任务四 数字媒体技术

 任务描述

多媒体技术的应用促进了多媒体计算机的兴起和发展,已经使人们能较容易地处理以文本、图形、声音、视频等多种形式的数字化信息。本任务要求了解多媒体技术,熟悉多媒体的文件格式,掌握文本、图形图像、音频和视频的相关知识。

 任务目标

☞ 掌握字符编码及文本的表示;
☞ 掌握图像和图形在计算机中的表示;
☞ 了解音频信号的数字化;
☞ 了解视频在计算机中的表示。

 任务知识

计算机应用的实质是用计算机进行信息处理,数值、文字、声音、图像等都是人们用以表达和传递信息的媒体,也就是计算机处理的对象,了解它们在计算机中是如何表示、处理、存储和传输的,对理解和掌握计算机的操作与应用有重要作用。

一、文本与文本处理

文字是一种书面语言,它由一系列称为"字符"的书写符号所构成。字符是组成文本的基本元素。文字信息在计算机中使用"文本"来表示。文本是基于特定字符集的,具有上下文相关性的一个字符流。在计算机中每个字符均使用二进制编码表示,文本是计算机中最常用的一种数字媒体。

我们常用的使用字符集有两大类——西文字符集和中文字符集。西文字符集由拉丁字母、数字、标点符号及一些特殊符号组成。中文字符集则包含数以千计的汉字,同时也包含多种字母、数字、标点符号和特殊符号。

文本是一种重要的信息和知识交流工具,文本是文档中主要数据类型,是人与计算机之间进行信息交换的主要媒体,常见的文本格式有 DOCX、RTF、PDF 等。文本在计算机中的处理过程包括文本准备(如汉字的输入)、文本编辑、文本处理、文本存储与传输、文本展现等,不同场合使用不同的内容。

(一)字符的编码

组成文本的基本元素是字符,字符与数值信息一样,在计算机中也采用二进制编码表示。

1. 西文字符的编码

常用字符的集合叫作"字符集",西文字符集由拉丁字母、数字、标点符号及一些特殊字符所组成,字符集中的每一个字符各有一个代码称为该字符的编码。

目前计算机中使用得最广泛的西文字符集及其编码是 ASCII 字符集和 ASCII 码,即美国标准信息交换码。基本的 ASCII 字符集共有 128 个字符,包括 96 个可打印字符和 32 个控制字符。每个字符使用 7 位二进制进行编码,虽然 ASCII 码是 7 位二进制,但是由于字节是计算机中最基本的存储和处理单位,所以一般仍然用一个字节来存放一个 ASCII 码。

ASCII 码用八位二进制数表示,最高位为 0,因此其编码范围是 00000000~01111111,即 0~127,共有 $2^7=128$ 个不同的编码值,一个编码代表一个字符,如 01000001 表示字符"A"。表 1.4.1 为常用的 ASCII 编码表。

表 1.4.1　ASCII 编码表

字符　　$b_7 b_6 b_5$ $b_4 b_3 b_2 b_1$	000	001	010	011	100	101	110	111
0000	NUL	DLE	SP	0	@	P	`	p
0001	SOH	DC1	!	1	A	Q	a	q
0010	STX	DC2	”	2	B	R	b	r
0011	ETX	DC3	♯	3	C	S	c	s
0100	EOT	DC4	$	4	D	T	d	t
0101	ENQ	NAK	%	5	E	U	e	u
0110	ACK	SYN	&	6	F	V	f	v
0111	BEL	ETB	,	7	G	W	g	w
1000	BS	CAN	(	8	H	X	h	x
1001	HT	EM	)	9	I	Y	i	y
1010	LF	SUB	*	:	J	Z	j	z
1011	VT	ESC	+	;	K	〔	k	{
1100	FF	S	,	<	L	\	l	|
1101	CR	GS	—	=	M	]	m	}
1110	SO	RS	.	>	N	ˆ	n	~
1111	SI	US	/	?	O		o	DEL

2. 汉字的字符集

中文文本的基本组成单位是汉字,我国汉字的总数超过 6 万字,数量大,字形复杂,同音则多,异体字多,因此汉字在计算机中的表示、处理、传输以及汉字的输入输出都比西文复杂很多。

(1) GB 2312 汉字编码

为了适应计算机处理汉字信息的需要,1981 年我国颁布的第一个国家标准——《信息交换用汉字编码字符集.基本集》(GB 2312)。该标准选出 6 763 个常用汉字和 682 个非汉字字符,为每个字符规定了标准代码,以便在不同计算机系统之间进行汉字文本的交换。

GB 2312 国标字符集由三部分组成,第一部分是字母、数字和各种符号,包括拉丁字母、俄文、日文平假名、希腊字母、汉语拼音等共 682 个;第二部分为一级常用汉字,共 3 755 个,按汉语拼音排列;第三部分为二级常用字,共 3 008 个,按偏旁部首排序。

GB 2312 的所有字符在计算机中都是采用 2 个字节(16 位二进制)来表示,每个字节最高位规定为 1。这种高位均为 1 的双字节汉字编码称为 GB 2312 的"机内码"(又称"内码")。GB 2312 存储在一个 94×94 的二维平面内,并用区号和位号表示,为了与 ASCII 码字符相区别,在计算机内部,每个汉字的区号和位号从 33 开始(33～126,二进制位 00100001～01111110)。

(2) GBK 汉字内码扩充规范

为解决 GB 2312 字少而且均为简体字,在人名、地名上不够用的问题,我国在 1995 年发布了 GBK 汉字内码扩充规范,它一共有 21 003 个汉字和 883 个图形符,解决了 GB 2312 均为简体字的弊端,增加了很多繁体字和生僻字。GBK 也采用双字节编码,与 GB 2312 保持向下兼容。它们的第 1 个字节最高位必须是"1",第 2 个字节的最高位可以是"1",也可以是"0"。

(3) 通用编码字符集 UCS/Unicode

全球有数以千计的不同语言文字,为了实现统一编码,ISO(国际标准化组织)制定了 UCS 标准,它是包括中国、日本、韩国、越南等使用汉字国家在内的国际标准,对应的工业标准称为 Unicode。它已经在 Windows 和 Linux 操作系统中广泛使用。

UCS/Unicode 规定,全世界现代书面文字所使用的所有字符和符号都集中在一个字符集中进行编码。目前的做法是采用双字节编码,称为 UCS-2,其字符集中包含了世界各国和地区当前主要使用的拉丁字母文字、音节文字、汉字中的常用字以及各种符号和数字共 49 194 个,其中包括:

● 欧洲及中东地区使用的拉丁字母、音节文字;
● 各种标点符号、数字符号、技术符号、几何形状、箭头及其其他符号;
● 中、日、韩统一编码的汉字。

(4) GB 18030

为了既能与国际标准 UCS/Unicode 接轨,又能保护已有的大量信息资源,我国在 21 世纪发布并开始执行新的 GB 18030 汉字编码国家标准。

GB 18030 实际是 Unicode 字符集的另一种编码方案,它采用不等长的编码方式,单字节编码与 ASCII 兼容,双字节编码表示汉字,与 GBK 保持兼容,还有四字节编码与其他编码兼容。

3. 汉字的编码

汉字输入的过程如图 1.4.1 所示。

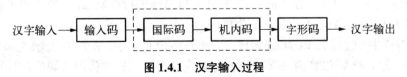

图 1.4.1 汉字输入过程

（1）汉字输入码

汉字的输入码是为将汉字输入计算机而编制的代码，汉字输入码也叫外码，如全拼输入法、双拼输入法、五笔输入法等。

汉字输入编码方法大体分成四类：数字编码（使用一串数字来表示汉字的编码方法，如电报码、区位码等），字音编码（这是一种基于汉语拼音的编码方法，简单易学，适合于非专业人员，缺点是同音字引起的重码多），字形编码（重码少、输入速度较快，但编码规则不易掌握，五笔字型法和表形码属一类），形音编码（吸取了字音编码和字形编码的优点，使编码规则适当简化、重码减少、但掌握起来也不容易）。

四类汉字输入编码方案的比较：

① 数字编码：使用一连串数字来表示汉字，如电报码、区位码；优点是仅使用 10 个数字键；缺点是难记忆。

② 字音编码：把汉语的拼音作为汉字的输入编码，如智能 ABC、搜狗拼音输入法等；优点是简单易学，适合于非专业人员；缺点是重码多，需增加选择操作，不合汉语拼音或不知道字的读音时无法使用。

③ 字形编码：把汉字的部件或笔画作为码元，按照汉字结构及其切分规则作为编码依据，确定每个汉字的输入代码；如五笔字型等；优点是重码少，输入速度较快，适合于专业录入人员打字员使用；缺点是缺乏统一的规范，编码规则不易掌握。

④ 音形编码：采用字音及字形两种属性作为码元的汉字编码输入方法；优点是重码少，输入速度较快，适合于专业录入人员，打字员使用；缺点是同时要掌握音、形两种取码方法或规则，对普通用户比较困难。

除了键盘输入外，汉字还可以通过自动识别、语音识别等形式输入计算机。

（2）区位码

GB 2312 字符集放置在一个 94 行、94 列的方阵中，方阵的每一行称为汉字的一个"区"，区号是 1～94，方阵的每一列称为汉字的一个"位"，位号范围也是 1～94。这样，汉字在方阵中的位置可以用区号和位号表示来确定，将区号和位号组合起来就得到该汉字的区位码。区位码用 4 位数字编码，前两位是区号，后两位是位号。例如，汉字"中"在 54 区 48 位，它的区位码为 5448。

（3）国标码

GB 2312—1980，范围为 2121H—7E7EH，汉字分一级二级汉字，两个字节存储一个国标码。国标码是区位码的行号和列号分别＋32(20H)，并进行十六进制变换得到的，加 32 的原因是为了和 ASCII 兼容，每个字节值大于 32。

例：汉字"中"的区位码是 5448，计算其国标码。

汉字"中"的区号 54 转换为十六进制数为 36，位号 48 转换为十六进制是 30，两个字节分别加上 20H，即 3630H＋2020H，得到汉字"中"的国标码为 5650H。

（4）机内码

机内码是计算机中真正存在的形式，是计算机系统进行存储、加工处理和传输所使用的代码。将国标码的最高位设置为 1，即为机内码。

例：汉字"中"的国标码为 5650H，这两个字节的二进制分别表示为 01010110 和 01010000，英文字母 V 和 P 的 ASCII 码恰好对应这两个二进制代码。如果在计算机中使用这两个二进制表示,就无法区别这个代码表示的是汉字"中"还是两个英文字母。为了解决这一问题,将国标码两个字节的最高位设置为1,即每个字节分别加上十六进制的80H,就可以得到汉字的机内码。汉字"中"的机内码为5650H+8080H=D6D0H。

同一汉字不同造型(宋体、楷体)的内码相同;同一汉字(繁体、简体)内码不同。

（5）汉字字形码

汉字字形码是供显示和打印时使用的,字形码和输入码都成为外码。每个汉字的字形信息实现保存在计算机中,称为汉字库。每个汉字的字形和机内码一一对应。

描述汉字字形的方法主要有点阵法和轮廓法。汉字字形点阵有16×16点阵、24×24点阵、32×32点阵等。行列数越多,描绘的汉字就越细致,所占存储空间也就越大。

（二）文本的分类与表示

文本是计算机表示文字及符号信息的一种数字媒体,使用计算机制作的数字文本有多种不同的类型。

① 若根据它们是否具有编辑排版格式分:可分为简单文本和丰富格式文本两大类;

② 若根据文本内容的组织方式分:可分为线型文本和超文本两大类;

③ 若根据文本内容是否变化和如何变化来分:可分为静态文本、动态文本和主动文本。

1. 简单文本(纯文本)

简单文本由一连串用于表达正文内容的字符的编码所组成,它几乎不包含任何其他的格式信息和结构信息,这种文本通常称为纯文本,其后缀名为.txt。

简单文本呈现为一种线型结构,写作和阅读均按顺序进行。简单文本的体积小,通用性好,几乎所有的文字处理软件都能识别和处理,但是它没有字体、字号的变化,不能插入图片、表格,也不能建立超链接。

2. 丰富格式文本

丰富格式文本需要使用标记语言进行标注,有些标记语言是标准的,如HTML(超文本标记语言)和XML(可扩展的标记语言);有些则是用公司自己专用的,还有如RTF文本等。

3. 超文本

超文本采用网状结构来组织信息,文本中的各个部分按照其内容的关系互相链接。超级链接是有向的,起点称为链源,如文本中的句子标题、图片等,目的地称为链宿。

二、图像与图形

计算机中的数字图像按其生成方法可以分为两类,一类是现实世界中通过扫描仪、数码相机等设备获取的图像,称为取样图像,也称为点阵图像,图像是指景物在某种介质上的再现,是通过描绘或拍摄等方法得到的景物相似的物或视觉印象。另一类是使用计算机合成制作的图像,称为矢量图形或简称图形。图形是一种抽象化的图像,是对图像依据某种要求进行分析产生的结果,它表示图像对象的形状和轮廓。

（一）图像的数字化

从现实世界中获取数字图像的过程称为图像的获取,图像获取的过程实质上是模拟信号的数字化过程,处理步骤分为四步:

① 扫描：将画面划分成 M×N 个网格，每个网格称为一个取样点。这样，一幅模拟图像就转换成 M×N 个取样点所组成的一个阵列。

② 分色：将每个取样点的颜色分解成 RGB 三个基色，如果不是彩色图像，则不需要进行分色。

③ 取样：测量每个取样点的每个分量的亮度值。

④ 量化：对取样点每个分量的亮度进行 A/D 转换，即把模拟量使用数字量来表示。

图像获取设备主要有扫描仪、数码相机、3D 扫描仪等，它们的功能是将实际景物的映像输入到计算机中并以数字图像的形式表示。

（二）图像的表示与压缩编码

1. 图像的表示方法与主要参数

从图像的获取过程可以知道，数字图像是由 M×N 个取样点组成的，每个取样点是组成取样图像的基本单位，称为像素(pel)。灰度图像的像素只有 一个亮度分量，彩色图像的像素通常有红绿蓝 3 个分量组成。因此，取样图像在计算机中的表示方法为：灰度图像用一个矩阵来表示；彩色图像用 3 个矩阵来表示。矩阵的行数称为图像的垂直分辨率，列数称为图像的水平分辨率。

在计算机中存储的每一幅取样图像，除了像素数据外，还有其他的一些参数：

图像大小：图像分辨率（垂直分辨率和水平分辨率），是评价图像质量的一个指标，也是图像信息的一种客观属性。

像素深度：即像素的所有颜色分量的二进位数之和，它决定了不同颜色的最大数目。如单色图像，其像素深度是 8 位，则不同亮度的数目位：$2^8 = 256$；又如 RGB 三基色组成的彩色图像，若三个分量中的像素位数分别位 4、4、4，则该图像的像素深度为 12，最大颜色数目为：$2^{4+4+4} = 2^{12} = 4096$。

颜色空间的类型：指彩色图像所使用的颜色描述方法，也叫颜色模型。常用的颜色模型有 RGB(红绿蓝)模型、CMYK(青、品红、黄、黑)模型、HSV(色彩、饱和度、亮度)模型、YUV(亮度、色度)模型等。

2. 图像的压缩编码

一幅图像的数据量可以按下面的公式进行计算（以字节为单位）：

图像数据量＝图像水平分辨率×图像垂直分辨率×像素深度/8

下表列出了若干不同参数的取样图像在压缩前的数据量，从表中可以看出，图像的数据量都比较大，为了节省存储数字图像时所需的存储器容量，降低存储成本，尽可能地压缩图像的数据量是非常必要的。

表 1.4.2   各种大小图像的数据量

图像大小	8 位(256 色)	16 位(65 536 色)	24 位(真彩色)
640×480	300 KB	600 KB	900 KB
1024×768	768 KB	1.5 MB	2.25 MB
1280×1024	1.25 MB	2.5 MB	3.75 MB

由于数字图像中的数据相关性很强,加上人眼视觉有一定的局限性,对数字图像进行大幅度的压缩是完全可能的。图像压缩分为两种:一种是无损压缩,另一种是有损压缩。通常有损压缩方法仅能将图像数据压缩几倍,而有损压缩可将数据压缩几十倍。压缩编码的优劣主要看压缩倍数、重建图像的质量和压缩算法的复杂程度。

3. 常用图像文件格式

图像是一种普遍使用的数字媒体,多年来不同公司开发了许多图像处理软件,因而出现了多种不同的图像文件格式,下面介绍几种常见的图像格式:

① JPEG 是 ISO 和 IEC 两个国际机构组成的一个 JPEG 专家组,制定的一个静止图像数据压缩编码的国际标准。JPEG 特别适合处理各种连续色调的彩色或灰度图像,算法复杂度适中,既可用硬件实现,也可用软件实现,目前已经在计算机和数码相机中广泛使用。

② BMP 是微软公司在 Windows 操作系统下使用的一种标准图像文件格式,每个文件存放一副图像,可以使用行程编码进行无损压缩,也可不压缩。它是一种通用的图像文件格式,几乎所有图像处理软件都能支持 BMP 文件。

③ TIF 主要用于扫描仪和桌面出版,能支持多种压缩方法和多种不同类型的图像。

④ GIF 是目前因特网上广泛使用的一种图像文件格式,它的颜色数目不超过 256 色,文件特别小,适合互联网传输,GIF 格式支持透明背景,而且可以将多张图像保存在同一个文件中,显示时按预先规定的时间间隔逐一显示,形成动画效果,因此在网页制作中大量使用。

(三) 数字图像处理与应用

1. 数字图像处理

使用计算机对来自照相机、摄像机、传真机、扫描仪、医用 CT 机、X 光机等图像,进行去噪、增强、复原、分割、提取特征、压缩、存储、检索等操作处理,称为数字图像处理。

图像处理的目的主要是提高图像的视感质量、图像复原与重建、图像分析、图像数据的交换、编码和数据压缩,用以更有效地进行图像的存储和传输;图像的存储、管理、检索,以及图像内容与知识产权的保护等。

2. 数字图像的应用

数字图像处理在通信、遥感、电视、出版、广告、工业生产、医疗诊断、电子商务等领域得到了广泛的应用,如图像通信:包括传真、可视电话、视频电话等;遥感;医疗诊断;工业生产中的应用;机器人视觉;军事、公安、档案管理等方面的应用。

(四) 计算机图形

景物在计算机内的描述即为该景物的模型,人们进行景物描述的过程称为景物的建模。根据景物的模型生成其图像的过程称为"绘制",也叫图像合成,所产生的数字图像称为计算机合成图像。

计算机合成图像的应用主要有以下几方面:

① 计算机辅助设计和辅助制造;

② 利用计算机制造各种地形图、交通图、天气图、海洋图、石油开采图等,既可方便、快捷地制作和更新地图,又可用于地理信息的管理、查询和分析;

③ 作战指挥和军事训练;

④ 计算机动画和计算机艺术。

三、数字声音及应用

声音是传递信息的一种重要媒体,也是计算机信息处理的主要对象之一。人耳能听到的所有声音都称为音频信号,简称音频(audio)。

(一)波形声音的获取与播放

1. 声音信号的数字化

声音由振动产生,通过空气进行传播,是一种时间上连续的波形信号。人耳能听到 20 Hz～20 kHz 的音频信号,人说话的声音在 300～3 400 Hz,20 Hz～20 kHz 的称为全频带声音。

声音是一种波,它由许多不同频率的谐波所组成。谐波的频率范围称为声音的带宽,它是声音的一项重要参数。声波是模拟信号,为了使用计算机进行处理,必须将它转换成二进制数字编码的形式,这个过程称为声音信号的数字化,过程如下:

① 取样:把时间上连续的音频信号离散成为不连续的一系列样本,为了不失真,按照取样定理,取样频率不应低于音频信号最高频率的两倍。因此,语音的取样频率一般为 8 kHz,全频带音频的取样频率应在 40 kHz 以上。

② 量化:取样得到的每个样本一般使用 8 位、16 位或者 32 位二进制表示(二进制位数即为"量化精度"),量化精度越高,声音的保真度越好;量化精度越低,声音的保真度越差。

③ 编码:经过取样和量化得到的数据,还需要进行数据压缩,以减少数据量,并按照某种格式将声音数据进行组织,以便于计算机进行存储、处理和传输。

2. 波形声音的获取设备

声音获取设备包括麦克风和声卡,麦克风的作用是将声波转换为电信号,然后由声卡进行数字化。

声卡(以数字信号处理器 DSP 为核心)既参与声音的获取也负责声音的重建,它控制并完成声音的输入和输出,主要功能包括波形声音的获取与数字化、声音的重建与播放、MIDI 声音的输入、MIDI 声音的合成与播放等。

3. 声音的播放

计算机输出声音的过程称为声音的播放,分为两步:首先要进行重建,也就是把声音从数字形式转换成模拟信号形式;然后再将模拟声音信号经过处理和放大送到扬声器发出声音。

声音的重建是声音信号数字化的逆过程,分三个步骤:先解码,把压缩编码的数字声音恢复为压缩编码前的状态;然后进行数模转换,把声音样本从数字量转换为模拟量;最后进行插值处理,通过插值,把时间上离散的一组样本转换成在时间上连续的模拟声音信号。声音的重建也是由声卡完成的。

(二)波形声音的表示与压缩编码

数字化的波形声音是一种使用二进制表示的串行比特流,它遵循一定的标准或规范进行编码,其数据是按时间顺序组织的。波形声音的主要参数包括取样频率、量化位数、声道数目、使用的压缩编码方式以及比特率。比特率指的是每秒钟的数据量,也称为码率,公式为：

$$波形声音的码率＝取样频率×量化位数×声道数$$

持续时间为 t 秒的一段波形声音的数据量：数据量＝码率×持续时间 t

由于声音是一种时间上连续的媒体，数据量很大，为了降低存储成本和提高传输效率，在取样、量化之后还必须进行压缩编码，以减少数据量。压缩后的波形声音的码率为压缩前的码率除以压缩倍数。

根据不同的需求，数字音频应用的编码方式有很多种，文件格式也不相同。WAV 是未经压缩的数字音频，音质与 CD 相当，但对存储空间需求太大，不便于交流和传播；MP3 是互联网上最流行的数字音乐格式，它采用国际标准化组织提出的 MPEG‐1 层 3 算法进行压缩编码，以 8~12 倍的比率大幅度降低了数字音频的数据量；WMA 是微软公司开发的数字音频文件格式，采用有损压缩方式，压缩比高于 MP3，质量大体相当，它在文件中增加了数字版权保护的措施，防止未经授权进行下载和拷贝。

为了在因特网上进行在线广播和实时音乐点播，必须按照声音的实际播放速度在网上传输数据，以便用户能边下载边收听。能达到此要求的数字声音就称为"流媒体"。流媒体一方面要求数字声音压缩后的码率要低，另一方面还要很好地组织声音的数据。

（三）计算机合成声音

与计算机能绘制图像一样，计算机也能合成音频。计算机合成声音有两类：一类是计算机合成的语音，另一类是计算机合成的音乐。

语音合成是根据语言学和自然语言理解的知识，让计算机模仿人的发声自动生成语音的过程。目前主要是按照文本进行语音合成，这个过程为文语转换（TTS）。

波形音频也可以表示音乐，但是只是把它当成二进制位流，并没有把它看成音乐。而音乐是一种具有特殊性质的音频。声卡上的音源有两种：一种是调频合成器，另一种音源是波表合成器。

四、数字视频及应用

视频（video）指的是内容随时间变化的一个图像序列，也称为活动图像或运动图像。常见的视频有电视（电影）和计算机动画。电视能传输和再现真实世界的图像与声音，是当代最有影响力的信息传播工具。计算机动画是计算机制作的图像序列，是一种计算机合成的视频。

（一）数字视频基础

数字视频是以固定的速率顺序显示的一个数字位图序列，视频中的每一幅图像称为 1 帧，每秒钟显示多少帧图像称为帧速率或帧频。电视是最重要的一种视频，我国采用的是 PAL 制式的彩色电视信号，PAL 制电视为每秒 25 帧图像，采用 YUV 颜色空间表示，而不是 RGB 颜色空间，这是因为它能较好地与黑白电视兼容，并且可以减少电视信号的带宽。

电视台播出的都是模拟视频信号，必须数字化后才可以由计算机存储、处理和显示。PC 机中用于视频信号数字化的插卡称为视频采集卡，简称视频卡，它将输入的模拟视频信号进行数字化后存储在硬盘中。

数字视频的码率(比特率)指的是每秒钟所含的二进制数目,码率的公式为:

$$码率＝水平分辨率×垂直分辨率×像素深度×帧频$$

持续时间为 t 秒的一段数字视频的数据量为:

$$数据量＝码率×持续时间 t$$

(二)数字视频的压缩编码

数字视频的数据量比音频文件还要大,为了降低存储成本和提高传输效率,必须对数字视频进行数据压缩。常用的视频压缩编码有:

① MPEG－1:使用于 VCD、数码相机、数字摄像机等;

② MPEG－2:用途最广,如 DVD、150 路卫星电视直播、CATV 等;

③ MPEG－4:多种不同的视频格式,适合于交互式多媒体应用,包括虚拟现实、远程教育、交互式电视等;

④ H.261 用于视频通信,如可视电话、会议电视等。

(三)合成视频——计算机动画

计算机动画是采用计算机制作可供实时演播的一系列连续画面的一种技术。利用人眼视觉残留可产生连续运动或变化的效果,计算机动画也可转换成电视或电影输出。与模拟电视信号经过数字化得到的自然数字视频不同,计算机动画是一种合成的数字视频。

计算机动画的制作过程是先在计算机中生成场景和形体的模型,然后描述它们的运动,最后再生成图像并转换成视频输出。动画的制作要借助于动画软件,如二维动画软件 Animator Pro,三维动画软件 3D Studio Max、Director 等。

Flash 动画是矢量图形,不管怎样放大缩小,它都清晰可见,由于是矢量图形,它所制作的动画文件较小,便于在因特网上传输,而且能边传输边播放。它还可以将语音、音乐、声效、视频与图像画面结合在一起,制作出有声有色的高品质网页动画。

(四)数字视频的应用

1. VCD 和 DVD

CD 是小型光盘的英文缩写,最早应用于数字音响领域,代表作品就是 CD 唱片。每张唱片的存储容量是 650 MB 左右,可存放 1 小时的立体声高保真音乐。

1994 年,有 JVC、Philips 等公司联合定义了一种在 CD 光盘上存储数字视频的规范:Video CD(简称 VCD)。该规范规定了将音频/视频数据进行可记录约 60 分钟的音视频数据,图像质量达到家用录放像机的水平,可播放立体声。VCD 播放机体积小,价格便宜,20世纪 90 年代曾经受到广大用户的欢迎。

DVD 即数字多用途光盘,它有多种规格,用途非常广泛。将数字视频记录在光盘上,由于可靠性高、成本低、轻便,因而既有利于长期保存,又便于出版发行。DVD 采用 MPEG－2标准压缩视频图像,画面品质与 VCD 相比明显提高。

2. 可视电话与视频会议

可视电话就是在打电话的同时还可以互相看见对方的图像,可视电话是数字视频的一种重要应用。其终端设备集摄像、显示、声音与图像的编码/解码功能于一体,内置高质量的数字变焦 CCD 镜头及 MODEM,可连接在普通电话线上使用。

视频会议也叫电视会议,它是通过数字音视频数据实时传送声音、图像使得分散在两个或多个地点的用户就地参加会议的一种多媒体通信应用。视频会议与可视电话相似,它也是通过传送数字音视频数据而使得分散在多处的用户进行实时通信的一种应用,不过参加通信的成员更多,提供的功能也更加丰富。

3. 数字电视

数字电视是数字技术的产物,它将电视信号进行数字化,然后以数字形式进行编辑、制作、传输、接收和播放。数字电视的基础是数字技术,数字电视具有频道利用率高、图像清晰度好、支持交互式数据业务等特点。数字电视信号的传输途径有多种,卫星、有线电缆、地面无线、因特网、光盘等均能传输数字电视。

数字电视接收机大体有三种形式:一是传统模拟电视接收机的代替产品,数字电视接收机;二是传统模拟电视机外加一个数字机顶盒;三是可以接收数字电视的 PC 机。

4. 点播电视

VOD 是视频点播技术的简称,即用户可以根据自己的需要选择电视节目。视频数据必须以实时数据流的形式稳定地进行传输,以保证节目平滑播放,因此,大型视频点播系统在技术上是有相当难度的。

练 习

1. 下列有关我国汉字编码标准的叙述中,错误的是_____。

A. GB 2312 国标字符集所包含的汉字许多情况下已不够使用

B. Unicode 是我国发布的多文种字符编码标准

C. GB 18030 编码标准中所包含的汉字数目超过 2 万个

D. 我国台湾地区使用的汉字编码标准与大陆不同

2. 下列关于简单文本与丰富格式文本的叙述中,错误的是_____。

A. 简单文本由一连串用于表达正文内容的字符的编码组成,它几乎不包含格式信息和结构信息

B. 简单文本进行排版处理后以整齐、美观的形式展现给用户,就形成了丰富格式文本

C. Windows 操作系统中的"帮助"文件(.hlp 文件)是一种丰富格式文本

D. 使用微软公司的 Word 软件只能生成 DOC 文件,不能生成 TXT 文件

3. 像素深度为 6 位的单色图像中,不同亮度的像素数目最多为_____个。

A. 64　　　　　　B. 256　　　　　　C. 4096　　　　　　D. 128

4. 通常,图像处理软件的主要功能包括_____。

① 图像缩放;　　② 图像区域选择;　　③ 图像配音;

④ 添加文字;　　⑤ 图层操作;　　　　⑥ 动画制作

A. ②④⑤⑥　　　B. ①③④⑤　　　C. ①②④⑤　　　D. ①④⑤⑥

5. 下列关于数字视频获取设备的叙述中,错误的是_____。

A. 数字摄像机是一种离线的数字视频获取设备

B. 数字摄像头需通过视频卡才能获取数字视频

C. 数字摄像头通过光学镜头和CCD(或CMOS)器件采集视频图像

D. 视频卡可以将输入的模拟视频信号进行数字化,生成数字视频

6. 在国际标准化组织制订的有关数字视频及伴音压缩编码标准中,VCD影碟采用的压缩编码标准为_____。

    A. H.261   B. MPEG-1   C. MPEG-2   D. MPEG-4

项目二　Windows 10

项目描述

　　操作系统(operating system，OS)是计算机软件进行工作的平台。由 Microsoft 公司开发的 Windows 10 是当前主流的计算机操作系统之一。Windows 10 为计算机的操作带来了变革性升级,它具有操作简单、启动速度快、安全和连接方便等特点。本项目可以让大家对操作系统及 Windows 10 有一个具体的了解。

任务一　熟悉 Windows 10

任务描述

　　小李是一名大学毕业生,应聘上了一份办公室行政的工作。上班第一天,他发现公司计算机的所有操作系统都是 Windows 10,其界面外观与他在学校时使用的 Windows 7 操作系统有较大的差异。为了日后能更高效地工作,小李决定先熟悉一下 Windows 10 操作系统。

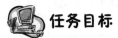

任务目标

☞ 掌握 Windows 10 的启动和退出的方法;
☞ 了解 Windows 10 的窗口。

任务知识

一、启动与退出 Windows 10

在计算机上安装 Windows 10 操作系统后,启动计算机便可进入 Windows 10 的桌面。

(一) 启动 Windows 10

　　开启计算机主机箱和显示器的电源开关,Windows 10 将载入内存,接着对计算机的主板和内存等进行检测,系统启动完成后将进入 Windows 10 欢迎界面,若只有一个用户且没有设置用户密码,则直接进入系统桌面。如果系统存在多个用户且设置了用户密码,则需要选择用户并输入正确的密码才能进入系统。

（二）认识 Windows 10 桌面

启动 Windows 10 后，屏幕上即显示 Windows 10 桌面。由于 Windows 10 有 7 种不同的版本，其桌面样式也有所不同，下面将以 Windows 10 教育版为例来介绍其桌面组成。在默认情况下，Windows 10 的桌面是由桌面图标、鼠标指针和任务栏 3 个部分组成，如图 2.1.1 所示。

桌面图标

任务栏

图 2.1.1 Windows 10 的桌面

桌面图标。桌面图标一般是程序或文件的快捷方式，程序或文件的快捷图标左下角有一个小箭头。安装新软件后，桌面上一般会增加相应的快捷图标，如"腾讯 QQ"的快捷图标为 。默认情况下，桌面只有"回收站"一个系统图标。双击桌面上的某个图标可以打开该图标对应的窗口。

鼠标指针。在 Windows 10 操作系统中，鼠标指针在不同的状态下有不同的形状，代表用户当前可进行的操作或系统当前的状态。

任务栏。任务栏默认情况下位于桌面的最下方，由"开始"按钮、Cortana 搜索框、"任务视图"按钮、任务区、通知区域和"显示桌面"按钮 6 个部分组成。其中，Cortana 搜索框、"任务视图"是 Windows 10 的新增功能。在 Cortana 搜索框中单击，将打开搜索界面，在该界面中可以通过打字或语音输入的方式快速打开某一个应用，也可以实现聊天、看新闻、设置提醒等操作。单击"任务视图"按钮，可以让一台计算机同时拥有多个桌面，其中，"桌面 2"显示当前该桌面运行的应用窗口，如果想要使用一个干净的桌面，可直接单击"桌面 1"图标。

提示：Windows 10 系统默认只显示一个桌面，若想添加一个桌面，首先要单击任务栏中的"任务视图"按钮，然后单击桌面左上角的"新建桌面"按钮，即可添加一个桌面。若想添加多个桌面，则继续单击"新建桌面"按钮，每单击一次就增加一个桌面。

（三）退出 Windows 10

计算机操作结束后需要退出 Windows 10，其退出的方法是：保存文件或数据，关闭所有打开的应用程序。单击"开始"按钮，在打开的"开始"菜单中单击"电源"按钮，然后在打开的列表中选择"关机"选项即可。成功关闭计算机后，再关闭显示器的电源。

二、认识 Windows 10 窗口

双击桌面上的"此电脑"图标,将打开"此电脑"窗口,如图 2.1.2 所示,这是一个典型的 Windows 10 窗口,包括标题栏、功能区、地址栏、搜索栏、导航窗格、窗口工作区、状态栏等组成部分。各个组成部分的作用介绍如下。

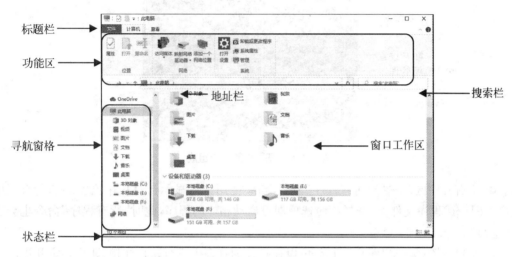

图 2.1.2   "此电脑"窗口的组成

● 标题栏。位于窗口顶部,左侧有一个用于控制窗口大小和关闭窗口的"文件资源管理器"按钮,按钮右侧为快速访问工具栏,通过该工具栏可以快速实现设置所选项目属性和新建文件夹等操作,最右侧是窗口"最小化"、窗口"最大化"窗口和"关闭"窗口的按钮。

● 功能区。功能区是以选项卡的方式显示的,其中存放了各种操作命令,要执行功能区中的操作命令,只需选择对应的操作命令、单击对应的操作按钮即可。

● 地址栏。地址栏用来显示当前窗口文件在系统中的位置。其左侧包括"返回"按钮、"前进"按钮和"上移"按钮,用于打开最近浏览过的窗口。

● 搜索栏。搜索栏用于快速搜索计算机中的文件。

● 导航窗格。单击导航窗格中的选项可快速切换或打开其他窗口。

● 窗口工作区。窗口工作区用于显示当前窗口中存放的文件和文件夹内容。

● 状态栏。状态栏用于显示当前窗口所包含项目的个数和项目的排列方式。

三、认识"开始"菜单

单击桌面任务栏左下角的"开始"按钮,即可打开"开始"菜单,计算机中几乎所有的应用都可在"开始"菜单中启动。"开始"菜单是操作计算机的重要门户,即使是桌面上没有显示的文件或程序,也可以通过"开始"菜单找到并启动。"开始"菜单主要组成部分如图 2.1.3 所示。"开始"菜单各个部分的作用如下。

● 高频使用区。根据用户使用程序的频率,Windows 10 会自动将使用频率较高的程序显示在该区域中,以便用户快速地启动所需程序。

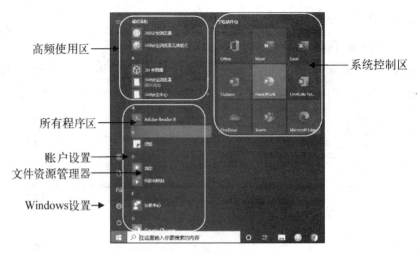

高频使用区

系统控制区

所有程序区

账户设置

文件资源管理器

Windows设置

图 2.1.3 "开始"菜单的组成

● 所有程序区。选择"所有程序"命令,高频使用区将显示计算机中已安装的所有程序的启动图标或程序文件夹,选择相应选项即可启动相应的程序,此时"所有程序"命令也会变为"返回"命令。

● 账户设置。单击"账户"图标,可以在打开的列表中进行账户注销、账户锁定和更改用户设置3种操作。

● 文件资源管理器。文件资源管理器主要用来管理操作系统中的文件和文件夹。通过资源管理器可以方便地完成新建文件、选择文件、移动文件、复制文件、删除文件以及重命名文件等操作。

● Windows设置。Windows设置用于设置系统信息,包括网络和 Internet、个性化、更新和安全、Cortana、设备、隐私以及应用等。

● 系统控制区。系统控制区主要分为"创建""娱乐"和"浏览"三部分,分别显示了一些系统选项的快捷启动方式,单击相应的图标可以快速运行程序,便于用户管理计算机中的资源。

 任务实现

一、管理窗口

下面将举例讲解打开窗口及窗口中的对象、最大化或最小化窗口、移动和调整窗口大小、排列窗口、切换窗口和关闭窗口的操作。

(一)打开窗口及窗口中的对象

在 Windows 10 中,每当用户启动一个程序、打开一个文件或文件夹时都将打开一个窗口。一个窗口中包括多个对象,打开某个对象又可能打开相应的窗口,该窗口中可能又包括其他不同的对象。

例:打开"此电脑"窗口中"本地磁盘(C:)"下的 Windows 目录,其具体操作如下。

（1）双击桌面上的"此电脑"图标，或在"此电脑"图标上单击鼠标右键，在弹出的快捷菜单中选择"打开"命令，打开"此电脑"窗口。

（2）双击"此电脑"窗口中的"本地磁盘（C：）"图标，或选择"本地磁盘（C：）"图标后按【Enter】键，打开"本地磁盘（C：）"窗口，如图 2.1.4 所示。

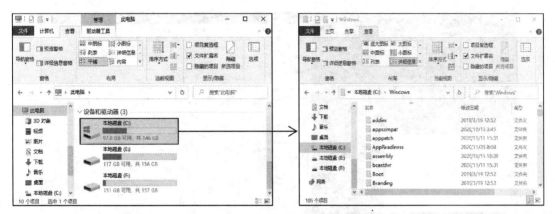

图 2.1.4　打开窗口及窗口中的对象

（3）双击"本地磁盘（C：）"窗口中的"Windows"文件夹图标，即可进入 Windows 目录查看。

（4）单击地址栏左侧的"返回"按钮，将返回上一级"本地磁盘（C：）"窗口。

（二）最大化或最小化窗口

最大化窗口即将当前窗口放大到整个屏幕显示，可以方便用户查看窗口中的详细内容，而最小化窗口即将窗口以标题按钮形式缩放到任务栏的任务区。

打开"此电脑"窗口中"本地磁盘（C：）"下的 Windows 目录，然后分别将窗口最大化和最小化显示，最后还原窗口，其具体操作如下。

（1）先打开"此电脑"窗口，再依次双击打开"本地磁盘（C：）"窗口及其中的"Windows"窗口。

（2）单击窗口标题栏右上角的"最大化"按钮，此时窗口将铺满整个屏幕，同时"最大化"按钮将变成"还原"，单击"还原"即可将最大化窗口还原成原始大小。

（3）单击窗口标题栏右上角的"最小化"按钮，此时该窗口将隐藏显示，只在任务栏的任务区中显示一个图标，单击该图标，窗口将还原到屏幕显示状态。

提示：双击窗口的标题栏也可最大化窗口，再次双击可将最大化窗口还原到原始大小。

（三）移动和调整窗口大小

打开窗口后，有些窗口会遮盖屏幕上的其他窗口，为了查看到被遮盖的部分，需要适当移动窗口的位置或调整窗口大小。

将桌面上的窗口移至桌面的左侧，呈半屏显示，再调整窗口的宽度，其具体操作如下。

（1）将鼠标指针置于窗口标题栏上，按住鼠标左键不放，拖动窗口，将窗口向上拖动到屏幕顶部时，窗口会最大化显示；向屏幕最左侧或最右侧拖动时，窗口会半屏显示在桌面左侧或右侧。这里拖动当前窗口到桌面最左侧后释放鼠标，窗口会以半屏状态显示在桌面左侧，如图 2.1.5 所示。

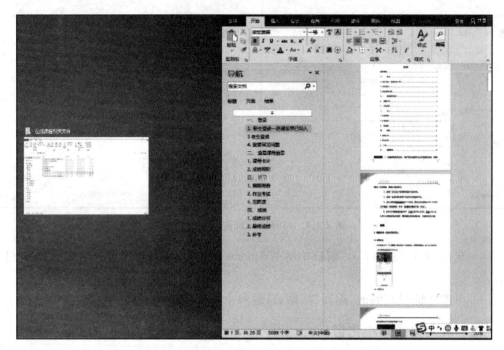

图 2.1.5　将窗口移至桌面左侧变成半屏显示

　　提示： 当用户打开多个窗口后，对遮盖的窗口进行半屏显示操作，其他窗口将以缩略图的形式显示在桌面上，单击任意一个缩略圈，同样可以将所选窗口进行半屏显示。

（2）将鼠标指针移至窗口的外边框上，按住鼠标左键不放拖动到所需大小时释放鼠标，即可调整窗口大小。

　　提示： 将鼠标指针移至窗口的 4 个角上，按住鼠标左键不放拖动到所需大小时释放鼠标，即可对窗口的大小进行调整。

（四）排列窗口

在使用计算机的过程中，常常需要打开多个窗口，如既要用 Word 编辑文档，又要打开 Microsoft Edge 浏览器查询资料等。当打开多个窗口后，为了使桌面更加整洁，可以对打开的窗口进行层叠、堆叠和并排等操作。

将打开的所有窗口以层叠和并排两种方式进行显示，其具体操作如下。

（1）在任务栏空白处单击鼠标右键，在弹出的快捷菜单中选择"层叠窗口命令"，即可以层叠的方式排列窗口，层叠的效果如图 2.1.6 所示。

（2）在任务栏空白处单击鼠标右键，在弹出的快捷菜单中选择"并排显示窗口"命令，即可以并排的方式排列窗口，并排的效果如图 2.1.7 所示。

图 2.1.6　层叠窗口

图 2.1.7　并排显示窗口

（五）切换窗口

无论打开多少个窗口，当前窗口只有一个，且所有操作都是针对当前窗口进行的。如果要将某个窗口切换成当前窗口，除了可以通过单击窗口进行切换外，Windows 10 系统还提供了以下 3 种切换方法。

（1）通过任务栏中的按钮切换。将鼠标指针移至任务栏左侧任务区中的某个任务图标上，此时将展开所有打开的该类型文件的缩略图，单击某个缩略图即可切换到该窗口，在切换时其他同时打开的窗口将自动变为透明效果，如图 2.1.8 所示。

图 2.1.8　通过任务栏中的按钮切换

（2）按【Win＋Tab】组合键切换。按【Win＋Tab】组合键后，屏幕上将出现操作记录时线，系统当前稍早前的操作记录都以缩略图的形式在时间线中排列出来，若想打开某一个窗口，可将鼠标指针定位至要打开的窗口中，如图 2.1.9 所示，当窗口呈现白色边框后单击鼠标即可打开该窗口。

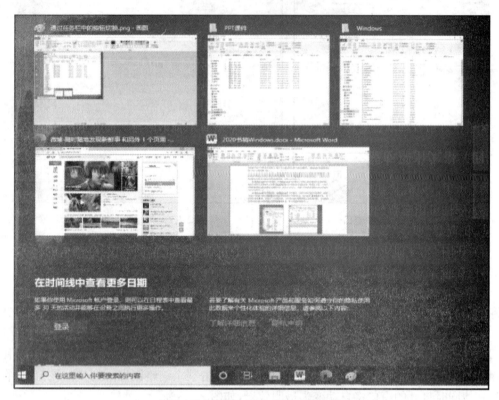

图 2.1.9　按【Win＋Tab】组合键切换

（3）按【Alt＋Tab】组合键切换。按【Alt＋Tab】组合键后，屏幕上将出现任务切换栏，系统当前打开的窗口都以缩略图的形式在任务切换栏中排列出来，此时按住【Alt】键不放，再反复按【Tab】键，将显示一个白色方框，并在所有窗口缩略图标之间轮流切换，当方框移动到需要的窗口缩略图标上后释放【Alt】键，即可切换到该窗口。

（六）关闭窗口

对窗口的操作结束后要关闭窗口。关闭窗口主要有以下 5 种方法。

- 单击窗口标题栏右上角的"关闭"按钮。
- 在窗口的标题栏上单击鼠标右键，在弹出的快捷菜单中选择"关闭"命令。
- 将鼠标指针指向某个任务缩略图后单击右上角的按钮。
- 将鼠标指针移动到任务栏中需要关闭窗口的任务图标上，单击鼠标右键，在弹出的快捷菜单中选择"关闭窗口"命令或"关闭所有窗口"命令。
- 按【Alt＋F4】组合键。

二、利用"开始"菜单启动程序

启动应用程序有多种方法,比较常用的是在桌面上双击应用程序的快捷方式图标和在"开始"菜单中选择要启动的程序。下面介绍从"开始"菜单中启动应用程序的几种方法。

单击"开始"按钮,打开"开始"菜单,此时可以先在"开始"菜单左侧的高频使用区查看是否有需要打开的程序选项,如果有则选择该程序选项启动。如果高频使用区中没有要启动的程序,则在"所有程序"列表中依次单击展开程序所在的文件夹,选择需执行的程序选项启动程序。在"此电脑"中找到需要启动的应用程序文件,双击鼠标,或在其上单击鼠标右键,在弹出的快捷菜单中选择"打开"命令。

双击应用程序对应的快捷方式图标单击"开始"按钮,打开"开始"菜单,在"搜索程序"文本框中输入程序的名称,选择后按【Enter】键打开程序。

在"开始"菜单中要打开的程序上单击鼠标右键,在弹出的快捷菜单中选择"固定到任务栏"命令,此时,在任务栏中单击程序名称即可快速启动该程序。

任务二　Windows 10 的系统管理

 **任务描述**

　　Windows 10 系统的性能越来越好,使用人群也越来越多,为了让系统操作起来更加方便、快捷,用户可以根据自己使用计算机的习惯对系统进行对系统进行管理,如设置系统的日期和时间、系统个性化设置、安装和卸载应用程序、管理磁盘等。

 任务目标

　　☞ 掌握设置 Windows 10 中的日期和时间;
　　☞ 了解 Windows 10 桌面的个性化设置;
　　☞ 了解磁盘和分区管理。

 任务实现

一、设置日期和时间

　　若系统的日期和时间不是当前的日期,可将其设置为当前的日期和时间,还可对日期的格式进行设置。系统显示的日期和时间默认情况下会自动与系统所在区域的互联网时间同步,当然也可以手动更改系统的日期和时间。

　　例:将系统日期修改为 2021 年 1 月 1 日,然后设置星期一为一周的第一天,其具体操作如下。

　　(1)将鼠标指针移动至任务栏右侧的时间显示区域上,单击鼠标右键,设置日期出的快捷菜单中单击"设置日期时间"超链接。

　　(2)打开"日期和时间"窗口,单击"自动设置时间"按钮,使其处于"关"状态,然后单击"更改"按钮。

　　(3)打开"更改日期和时间"对话框,在其中对应的下拉列表框中设置日期为 2021 年 1 月 1 日,完成后单击"更改"按钮即可,如图 2.2.1 所示。

　　(4)在左侧单击"区域"选项卡,在右侧的"区域格式数据"栏中单击"更改数据格式"按钮。

　　打开"更改数据格式"窗口,在"一周的第一天"下拉列表中选择"星期一"选项,如图2.2.2所示。

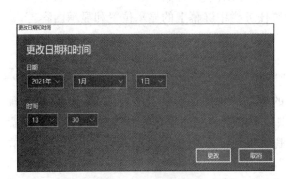

图 2.2.1 设置日期

图 2.2.2 设置日期的数据格式

二、定制 Windows 10 桌面

对 Windows 10 系统进行个性化设置的方法为在系统桌面上的空白区域单击鼠标右键,在弹出的快捷菜单中选择"个性化"命令,进入个性化设置界面,如图 2.2.3 所示,单击相应的按钮便可进行个性化设置。

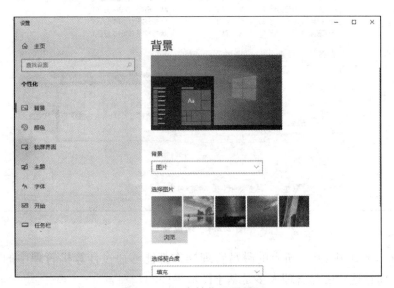

图 2.2.3 个性化设置界面

● 单击"背景"按钮:在背景界面中用户可以更改图片,选择图片契合度,设置纯色或者幻灯片放映等参数。

● 单击"颜色"按钮:在颜色界面中,用户可以为 Windows 系统选择不同的颜色,也可以单击"自定义颜色"按钮,在打开的对话框中自定义喜欢的主题颜色。

● 单击"锁屏界面"按钮:在锁屏界面中,用户可以选择系统默认的图片,也可以单击"浏览",将本地图片设置为锁屏界面。

- 单击"主题"按钮：在主题界面中用户可以自定义主题的背景、颜色声音及鼠标指针样式等项目，最后保存主题。
- 单击"开始"按钮：在开始界面中，用户可以设置"开始"菜单显示的应用。
- 单击"任务栏"按钮：用户可以设置任务栏中屏幕上的显示位置和显示内容。

三、磁盘管理

磁盘是计算机用于存储数据的硬件设备。随着硬件技术的发展，磁盘容量越来越大，存储的数据也越来越多，有时磁盘上存储的数据的价值远比硬盘本身大，因此，磁盘管理就越发显得重要了。Windows10 中没有提供一个单独的应用程序来管理磁盘，而是将磁盘管理集成到"计算机管理"程序中。选择"控制面板"→"系统和安全"→"管理工具"→"计算机管理"命令（也可用鼠标右键单击"此电脑"，然后在弹出的快捷菜单中选择"管理"命令），选择"存储"中的"磁盘管理"命令，可以打开图 2.2.4 所示的窗口。

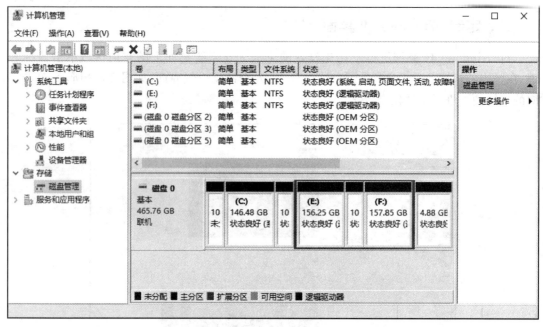

图 2.2.4　磁盘管理

在 Windows 10 中，几乎所有的磁盘管理操作都能够通过计算机管理中的"磁盘管理"功能来完成，而且这些磁盘管理大多是基于图形界面的。

四、分区管理

Windows 10 提供了方便快捷的分区管理工具，用户可在程序向导的帮助下轻松地完成删除已有分区、新建分区、扩展分区大小的操作。

（一）删除已有分区

在磁盘分区管理的分区列表或者图形显示中，选中要删除的分区，单击鼠标右键，从弹出的快捷菜单中选择"删除卷"命令,会弹出系统警告,单击"是"按钮,即可完成对分区的删除操作。删除选中分区后,会在磁盘的图形显示中显示相应分区大小的未分配分区。

(二) 新建分区

(1) 在图 2.2.4 所示的"计算机管理"窗口中选中未分配的分区,单击鼠标右键,从弹出的快捷菜单中选择"新建简单卷"命令,会弹出"新建简单卷向导"对话框,单击"下一步"按钮。

(2) 此时会弹出"指定卷大小"对话框,为简单卷设置大小,完成后单击"下一步"按钮。

(3) 此时会弹出"分配驱动器号和路径"对话框,开始为分区分配驱动器号和路径,这里有 3 个单选项:"分配以下驱动器号""装入以下空白 NTFS 文件夹中""不分配驱动器号或驱动器路径"。根据需要选择相应类型后,单击"下一步"按钮。

(4) 此时会弹出"格式化分区"对话框,单击"下一步"按钮,在弹出的对话框中单击"完成"按钮,即可完成新建分区的操作。

(三) 扩展分区大小

用户可以在不用格式化已有分区的情况下,对其进行分区容量的扩展。扩展分区后,新的分区仍会保留原有的分区数据。在扩展分区大小时,磁盘需有一个未分配空间才能为其他的分区扩展大小。其操作步骤如下。

(1) 在图 2.2.4 所示的"计算机管理"窗口中右键单击要扩展的分区,在弹出的快捷菜单中选择"扩展卷"命令,会弹出"扩展卷向导"对话框,单击"下一步"按钮。

(2) 选择可用磁盘,并设置要扩展容量的大小,单击"下一步"按钮。

(3) 单击"完成"按钮即可扩展该分区的大小。

(四) 格式化驱动器

格式化过程是把文件系统放置在分区上,并在磁盘上划出区域。通常可以使用 NTFS、REFS 类型来格式化分区,Windows 10 系统中的格式化工具可以重新格式化现有分区。

(1) 在"计算机管理"窗口中选中需要进行格式化的驱动器的盘符,单击鼠标右键,在弹出的快捷菜单中选择"格式化"命令,打开"格式化"对话框。也可在"计算机管理"窗口(或者"资源管理器"窗口)中选择驱动器盘符,单击鼠标右键,在弹出的快捷菜单中选择"格式化"命令。

(2) 在"格式化"对话框中,先对格式化的参数进行设置,然后单击"开始"按钮,便可进行格式化操作。

注意:格式化操作会把当前磁盘上的所有信息全部抹掉,请谨慎操作。

任务三　Windows 10 的文件管理

 **任务描述**

　　赵刚是某公司人力资源部的员工,主要负责人员招聘和办公室日常的管理工作,由于管理上的需要,赵刚经常会在计算机中存放工作文档,同时为了方便使用,还需要对相关的文件进行新建、移动、复制、重命名、删除、搜索和设置文件属性等操作。

 任务目标

　　☞ 掌握文件和文件夹的相关操作;
　　☞ 掌握文件属性的设置;
　　☞ 了解库的使用和快速访问列表。

任务内容

　　① 在 F 盘根目录下新建"办公"文件夹和"公司简介.txt""公司员工名单.xlsx"两个文件,再在新建的"办公"文件夹中创建"文档"和"表格"两个子文件夹。
　　② 将前面新建的"公司员工名单.xlsx"文件移动到"表格"子文件夹中,将"公司简介.txt"文件复制到"文档"文件夹中并修改文件名为"招聘信息"。
　　③ 删除 F 盘根目录下的"公司简介.txt"文件,然后通过回收站查看并还原。
　　④ 将"公司员工名单.xlsx"文件的属性修改为只读。
　　⑤ 新建一个"办公"库,将"表格"文件夹添加到"办公"库中。

 任务实现

一、相关概念

管理文件的过程中,会涉及以下几个相关概念。

1. 硬盘分区与盘符

硬盘分区实质上是对硬盘的种格式化,是指将硬盘划分为几个独立的区域,这样可以更加方便地存储和管理数据。格式化可以将硬盘分区划分成可以用来存储数据的单位,一般在安装系统时才会对硬盘进行分区。盘符是 Windows 系统对于磁盘存储设备的标识符,一般使用 26 个英文字符加上一个冒号":"来标识,如"本地盘(C:)",其中"C"就是该盘的盘符。

2. 文件

文件是指保存在计算机中的各种信息和数据,计算机中文件的类型有很多,如文档表格、图片、音乐和应用程序等。在默认情况下,文件在计算机中以图标形式显示,由文件图标、文件名称和文件扩展名 3 部分组成。

3. 文件夹

文件夹用于保存和管理计算机中的文件,其本身没有任何内容,但可放置多个文件和子文件夹,让用户能够快速地找到需要的文件。文件夹一般由文件夹图标和文件夹名称两部分组成。

4. 文件路径

用户在对文件进行操作时,除了要知道文件名外,还需要知道文件所在的盘符和文件夹,即文件在计算机中的位置,称为文件路径。文件路径包括相对路径和绝对路径两种。其中,相对路径以“.”(表示当前文件夹)、“..”(表示上级文件夹)或文件夹名称(表示当前文件夹中的子文件名)开头;绝对路径是指文件或目录在硬盘上存放的绝对位置,如“D:\图片\标志.jpg”表示“标志.jpg”文件是在 D 盘的“图片”文件夹中。在 Windows 10 操作系统中单击地址栏的空白处,可查看已打开的文件夹的文件路径。

5. 资源管理器

资源管理器是指“此电脑”窗口左侧的导航窗格,它将计算机资源分为收藏夹、库、家庭组、计算机和网络等类别,可以方便用户更好、更快地组织、管理及应用资源。打开资源管理器的方法为双击桌面上的“此电脑”图标■或单击任务栏上的“文件资源管理器”按钮■。在打开的对话框中单击导航窗格中各类别图标左侧的﹥图标,依次按层级展开文件夹,选择需要的文件夹后,右侧窗口中将显示相应的文件夹中的内容。

二、文件和文件夹的基本操作

文件和文件夹的基本操作包括新建、移动、复制、删除和查找等,下面结合前面的任务目标进行讲解。

(一) 新建文件夹或文件

新建文件是根据计算机中已安装的程序类别,新建一个相应类型的空白文件,新建后可以双击打开并编辑文件内容。如果需要将一些文件分类整理在一个文件夹中以便日后管理,此时就需要新建文件夹。

例:新建“公司简介.txt”文件和“员工名单.xlsx”文件。

(1) 双击桌面上的“此电脑”图标■,打开计算机窗口,双击 F 盘图标,打开 F:\目录窗口。

(2) 选择“文件”|“新建”组中单击“新建项目”按钮,在打开的列表中选择“文本文档”选项,或在窗口空白处单击鼠标右键,在弹出的菜单中选择“新建”→“文本文档”,如图 2.3.1 所示。

(3) 系统将在文件夹中默认新建一个名为“新建文本文档”的文件,且文件名呈可编辑状态,键盘切换到汉字输入法输入“公司简介”,然后单击空白处或按【Enter】键,新建的文档效果如图 2.3.2 所示。

(4) 选择“文件”→“新建”→“新建 Microsoft Excel 工作表”选项,或在窗口空白处单击鼠标右键,在弹出的菜单中选择“新建”→“新建 Microsoft Excel 工作表”,新建一个 Excel 文件,输入文件名“员工名单”按【Enter】键,如图 2.3.3 所示。

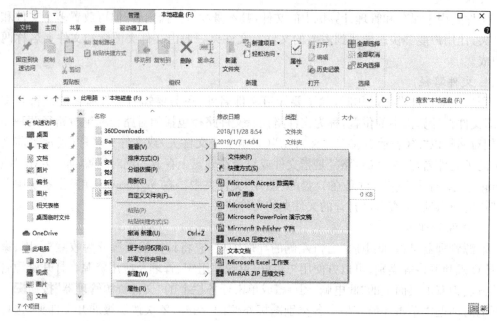

图 2.3.1　选择新建命令

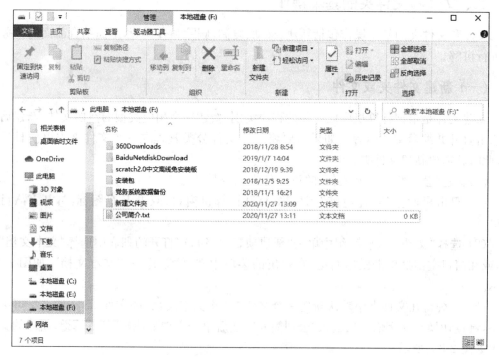

图 2.3.2　命名文件

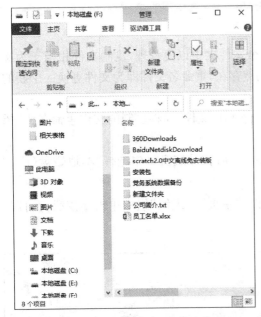

图 2.3.3　选择新 Excel 工作表

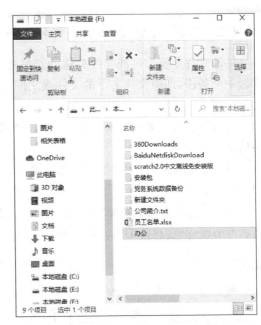

图 2.3.4　新建文件夹

（5）选择"文件"→"新建"→"文件夹"命令，或在窗口空白处单击鼠标右键，在弹出的菜单中选择"新建"→"文件夹"命令，双击文件夹名称使其呈可编辑状态，并在文本框中输入"办公"按【Enter】键，完成文件夹的新建，如图 2.3.4 所示。

（6）双击新建的"办公"文件夹，在打开的目录窗口中单击工具栏中"新建文件夹"按钮，输入子文件夹名称"表格"，后按【Enter】键，然后在新建一个名为"文档"的子文件夹，如图 2.3.5所示。

（7）单击地址栏左侧的按钮←，返回上一级窗口。

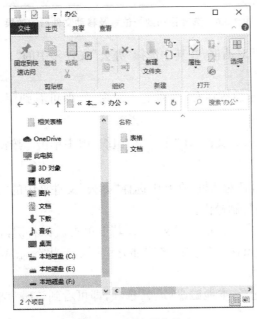

图 2.3.5　新建子文件夹

(二) 复制、移动、重命名文件和文件夹

移动文件是将文件或文件夹移动到另外一个文件夹中以便管理,复制文件相当于为文件做一个备份,即原文件夹下的文件或文件夹仍然存在,重命名文件即为文件更换一个新的名称。

例:移动"员工名单.xlsx"文件,复制"公司简介.txt"文件,并将复制的文件重命名为"招聘信息"。

(1) 在导航窗格中单击展开"此电脑"图标■,然后在导航窗格中选择"本地磁盘(F:)"图标。

(2) 在右侧窗口中选择"员工名单.xlsx"文件,"主页"|"组织"组中单击■按钮,在打开的列表中选择"选择位置"选项,如图 2.3.6 所示。

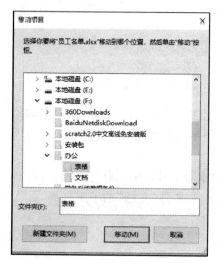 

图 2.3.6　选择移动到的位置及移动文件后的效果

(3) 打开"移动项目"对话框,在其中选择"办公"文件夹中的"表格"文件夹,然后单击按钮,完成文件的移动。

(4) 单击地址栏左侧的按钮←,返回上一级窗口,即可看到窗口中已没有"员工名单.xlsx"文件。

(5) 选择"公司简介.txt"文件,在"主页"|"组织"组中单击■按钮,在打开的列表中选择"选择位置"选项。

(6) 在打开"复制项目"对话框,在其中选择"办公"文件夹中的"文档"文件夹,然后单击"复制"按钮,完成文件的复制操作。

(7) 选择复制后的"公司简介.txt"文件,在其上单击鼠标右键,在弹出的快捷菜单中选择"重命名"命令,此时要重命名的文件名称部分呈可编辑状态,在其中输入新的名称"招聘信息"后按【Enter】键即可。

(8) 在导航窗格中选择"本地磁盘(F:)"选项,即可看到该磁盘根目录下的"公司简介"文件仍然存在。

提示：将选择的文件或文件夹拖动到同一磁盘分区下的其他文件夹中或拖动到左侧导航窗格中的某个文件夹选项上，可以移动文件或文件夹，在拖动过程中按住【Ctrl】键不放，则可实现复制文件或文件夹的操作。

（三）删除并还原文件和文件夹

删除一些没有用的文件或文件夹，可以减少磁盘上的垃圾文件，释放磁盘空间同时也便于管理。删除的文件或文件夹实际上是移动到"回收站"中，若误删除文件，还可以通过还原操作找回来。

例：删除并还原删除的"公司简介.txt"文件。

（1）在导航窗格中选择"本地磁盘（F:）"选项，然后在右侧窗口中选择"公司简介.txt"文件。

（2）在选择的文件图标上单击鼠标右键，在弹出的快捷菜单中选择"删除"命令或按【Delete】键，此时系统会打开图 2.3.7 所示的提示对话框，提示用户是否确定要把该文件放入回收站。

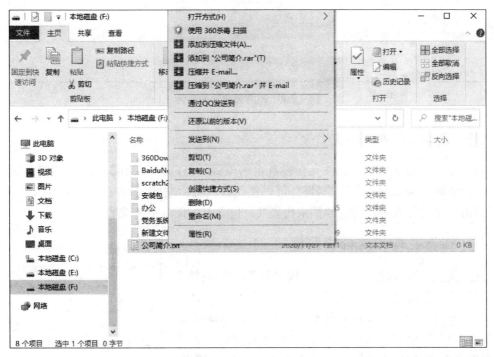

图 2.3.7　"删除文件"对话框

（3）单击任务栏最右侧的"显示桌面"区域，切换至桌面，双击"回收站"图标，在打开的窗口中将查看到最近删除的文件和文件夹等对象，在要还原的"公司简介.txt"文件上单击鼠标右键，在弹出的快捷菜单中选择"还原"命令，如图 2.3.8 所示，即可将其还原到被删除前的位置。

提示：选择文件后，按【Shift＋Delete】组合键将不通过回收站，直接将文件从计算机中删除。此外，放入回收站中的文件仍然会占用磁盘空间，在"回收站"窗口中单击工具栏中的"清空回收站"按钮才能彻底删除。

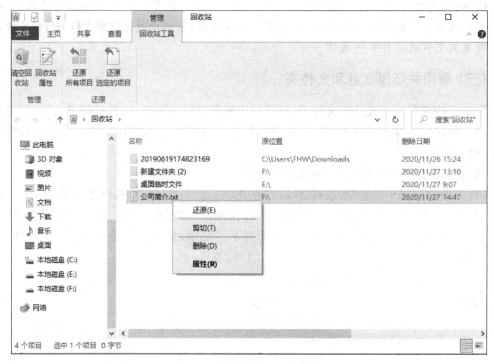

图 2.3.8　还原被删除的文件

（四）搜索文件或文件夹

如果用户不知道文件或文件夹在磁盘中的位置，可以使用 Windows 10 的搜索功能来查找。搜索时如果不记得文件的名称，可以使用模糊搜索功能，其方法是：用通配符"＊"来代替任意数量的任意字符，使用"？"来代表某一位置上的任意字母或数字。

三、设置文件和文件夹属性

文件属性主要包括隐藏属性、只读属性和归档属性 3种。用户在查看磁盘文件的名称时系统一般不会会显示具有隐藏属性的文件名，具有隐藏属性的文件不能被删除、复制和更名，以起到保护作用；对于具有只读属性的文件，可以查看和复制，不会影响它的正常使用，但不能修改和删除文件，以避免意外删除和修改；文件被创建之后，系统会自动将其设置成归档属性，即可以随时进行查看、编辑和保存。

例：更改"员工名单.xlsx"文件的属性。

（1）打开"此电脑"窗口，再打开"F:\办公\表格"目录，在"员工名单.xlsx"文件上单击鼠标右键，在弹出的快捷菜单中选择"属性"命令，或在"主页"|"打开"组中单击"属性"，打开文件对应的"属性"对话框。

图 2.3.9　文件属性设置对话框

（2）在"常规"选项卡下的"属性"栏中单击选中"只读"复选框,如图 2.3.9 所示。

（3）单击"应用"按钮,再单击"确定"按钮,完成文件属性的设置。

四、使用库

Windows10 操作系统中的库功能类似于文件夹,但它只是提供管理文件的索引,即用户可以通过库来直接访问文件,而不需要在保存文件的位置进行查找所以文件并没有真正被存放在库中。Windows10 操作系统中自带了视频、图片、音乐和文档 4 个库,用户可直接将常用文件资源添加到相应的库中,根据需要也可以新建库文件夹。

例:新建"办公"库,将"表格"文件添加到库中,其具体操作如下。

（1）打开"此电脑"窗口,在"查看"|"窗格"组中单击"导航窗格"按钮,在打开的列表中选择"显示库"选项,即可在导航窗格中显示库文件,如图 2.3.10 所示。

图 2.3.10　显示库

（2）在导航窗格中单击"库"图标,打开"库"文件夹,此时在右侧窗口中将显示所有库,双击各个库文件夹便可打开查看,如图 2.3.11 所示。

（3）返回库面板,在"主页"|"新建"组中单击"新建项目"按钮,在打开的列表中选择"库"选项,即可新建一个名称可编辑的库,输入库的名称"办公",然后按【Enter】键即可,如图 2.3.12 所示。

（4）在导航窗格中打开"F:\办公"目录,选择要添加到库中的"表格"文件夹,然后在其上单击鼠标右键,在弹出的快捷菜单中选择"包含到库中"→"办公"命令,将打开"Windows库"提示框,单击按钮即可将所选择的文件夹添加到前面新建的"办公"库中,并可通过"办公"库来查看文件夹,效果如图 2.3.13 所示。

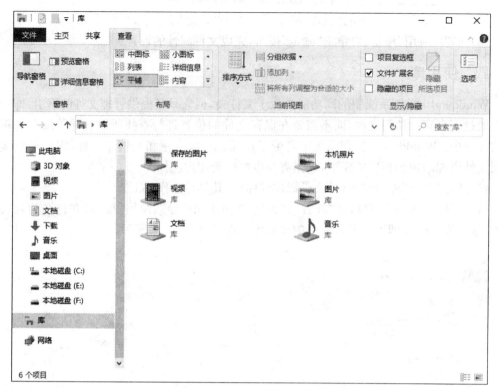

图 2.3.11　查看库文件

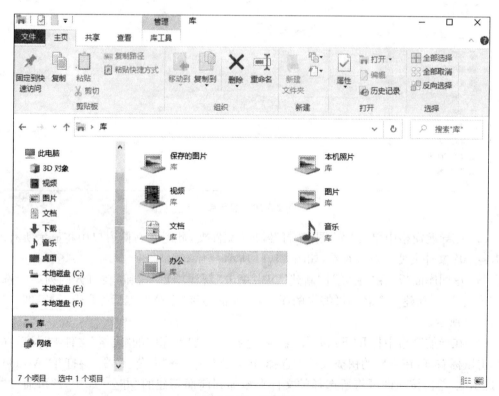

图 2.3.12　新建库

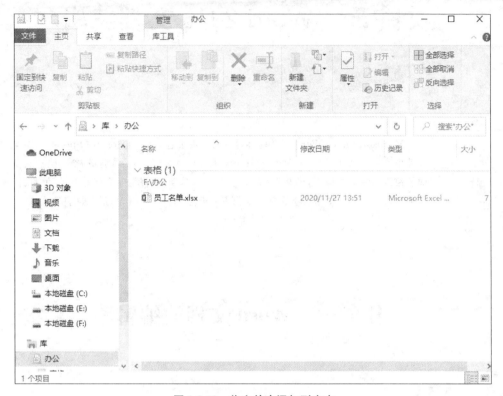

图 2.3.13　将文件夹添加到库中

提示：当不再需要使用库中的文件时，可以将其删除，其删除方法是：在要删除的库文件上单击鼠标右键，在弹出的快捷菜单中选择"删除"命令，或在"库工具"|"管理"组中单击"管理库"按钮，打开"办公库位置"对话框，在其中选择要删除的文件。

五、使用快速访问列表

Windows 10 操作系统提供了一种新的便于用户快速访问常用文件夹的方式，即快速访问列表该列表位于导航窗格最上方，用户可将频繁使用的文件夹固定到"快速访问"列表中，以便于快速找到并使用，主要可通过以下 4 种方法来实现。

（1）通过"固定到快速访问"按钮实现。打开需要添加到快速访问列表的文件夹，在"主页"|"剪贴板"组中单击"固定到快速访问"按钮即可。

（2）通过快捷命令实现。打开要固定到快速访问的列表文件夹，在导航窗格上的"快速访问"栏上单击鼠标右键，在弹出的快捷菜单中选择"将当前文件夹固定到快速访问"命令。

（3）通过文件夹快捷命令实现。在要固定到快速访问列表的文件夹上单击鼠标右键，在弹出的快捷菜单中选择"固定到快速访问"命令。

（4）通过导航窗格实现。在导航窗格中找到要固定到快速访问列表的文件夹，在其上单击鼠标右键，在弹出的快捷菜单中选择"固定到快速访问"命令。

项目三　Word 2016 文档编辑

<table>
<tr>
<td>项目描述</td>
<td>　　Microsoft Office Word 是微软公司推出的办公自动化 Microsoft Office 系列套装软件中的一个独立产品，是 Microsoft 公司开发的办公组件之一，利用它可以轻松、高效地组织和编写文档，创建专业水准的文档。本项目中，将学习文档的编辑、排版、图文混排以及表格的使用。下面就让我们一起开启 Word 2016 学习之旅吧！</td>
</tr>
</table>

任务一　Word 文档的编辑

 **任务描述**

　　本次任务通过对一篇文章"民用无人机发展前景"的格式编排，让大家学习并掌握了 Word 2016 对文章编辑排版的相关内容，具体效果如图 3.1.1 所示。

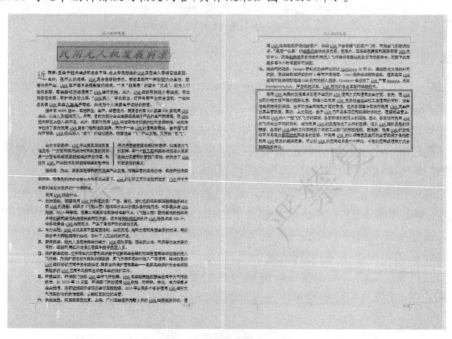

图 3.1.1　文档编辑效果

任务目标

☞ 了解 Word 2016 的界面组成；

☞ 创建 Word 文档及保存；

☞ 掌握文档的页面设置；

☞ 掌握文字字体的设置；

☞ 掌握文档段落及项目符号和编号的设置；

☞ 掌握段落的特殊格式：首字下沉、分栏、边框与底纹的设置；

☞ 掌握页眉、页脚、页码及尾注、脚注的设置；

☞ 采用查找与替换的方法统一修改文本格式以及格式刷的使用；

☞ 掌握分隔符和特殊符号的使用。

任务内容

① 设置页面为 A4 纸，上下边距为 2.5cm，左右边距为 3cm，每页 42 行，每行 38 个字符，页面颜色设置为"茶色，背景 2，深色 10%"，并添加"严禁复制"的红色水印。

② 给文章加标题："民用无人机发展前景"，并使之居中，设置标题字体为楷体、加粗、倾斜、28 磅、蓝色、字符缩放 120%，并给文字填充"中等渐变-个性色 2"的效果。

③ 给标题文字加上 1.5 磅带阴影"标准色-红色"单线边框、图案样式 20%的底纹。

④ 为文档中无人机的用途"航拍摄影""电力巡检""保护野生动物""环境监测"等七段加型为"一、二、三、…"的项目编号。

⑤ 标题段前留空 0.5 行，段后留空 1 行，正文第一段首字下沉 2 行，首字字体楷体，红色，其余各段首行缩进 2 个字符。

⑥ 正文第四段行距设置为双倍行距，第二段行距设置为最小值 12 磅。

⑦ 文章第三段分成等宽 2 栏，栏间加分割线。

⑧ 将正文最后两段合并成一段，并加上 1.5 磅双线紫色边框。

⑨ 设置奇数页页眉为"无人机的发展"，偶数页页眉为"无人机的未来"，居中对齐，五号，楷体；在页脚处插入页码，形如"X/Y，加粗显示的数字 1"，右对齐显示。

⑩ 为文章第二段的"中国 AOPA"加脚注："中国航空器拥有者及驾驶员协会"。

⑪ 将正文中所有"无人机"替换成"UVA"，并设置成倾斜、波浪下划线。

 任务知识

一、Word 2016 界面的组成

打开 Word 2016，系统默认创建"文档 1"，界面如图 3.1.2 所示。

(一) 菜单栏

菜单栏包括"文件""开始""插入""设计""布局""引用""邮件""审阅""视图"等十个菜单项，每个菜单项是按照操作的类型进行分类的。例如"开始"菜单中包含了常用的字体、段落、样式等选项卡。

图 3.1.2　Word 窗口界面

（二）工具栏

如图 3.1.3 所示为字体工具栏，其中包括字体、字号、颜色、加粗、倾斜、下划线等常用功能。在工具栏的右下角有图标 ，单击此图标可以打开"字体"选项卡。

图 3.1.3　工具栏

（三）编辑区

在 Word 2016 界面中间的大块空白屏幕是编辑区域。在此区域可以进行文字、图片的输入、删除、修改等操作。在编辑区有一个闪烁的光标称为"插入点"，表示文字输入的位置，可以通过键盘快速移动，【Home】键使光标移至行首；【End】键使光标移至行尾；【Ctrl＋Home】组合键使光标移至文档首部；【Ctrl＋End】组合键使光标移至文档尾部。

（四）视图按钮

Word 2016 提供了用不同视图窗口对文档内容进行显示。其中包括页面视图、阅读版式视图、Web 版式视图、大纲视图、草稿视图，并显示视图比例，如图 3.1.4 所示。

图 3.1.4　视图图标

① "页面视图"可以显示 Word 2016 文档的打印结果外观，主要包括页眉、页脚、图形对象、分栏设置、页面边距等元素，是最接近打印结果的页面视图。

② "阅读版式视图"以图书的分栏样式显示 Word 2016 文档，"文件"按钮、功能区等窗口元素被隐藏起来。在阅读版式视图中，用户还可以单击"工具"按钮选择各种阅读工具。

③ "Web 版式视图"以网页的形式显示 Word 2016 文档，Web 版式视图适用于发送电子邮件和创建网页。

④ "大纲视图"主要用于设置 Word 2016 文档的设置和显示标题的层级结构，并可以方

便地折叠和展开各种层级的文档。大纲视图广泛用于 Word 2016 长文档的快速浏览和设置中。

⑤ "草稿视图"取消了页面边距、分栏、页眉页脚和图片等元素,仅显示标题和正文,是最节省计算机系统硬件资源的视图方式。

二、文档的创建、存储

(一) 创建一个 Word 文档

当启动 Word 2016 时,就已经打开了一个文档,也可以重新建一个文档。

执行菜单"文件"→"新建"命令,窗口出现如图 3.1.5 所示的界面,在任务窗格中选择"空白文档",单击右侧创建按钮即可新建出一个空白 Word 文档。

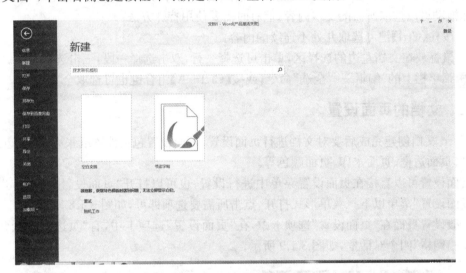

图 3.1.5 "新建文档"窗口

(二) 保存文档

文档创建编辑后还要对它进行保存,这是对文档内容的一种保护。方法如下:

图 3.1.6 "另存为"对话框

方法一:常用工具中的保存按钮,直接单击即可。

方法二:单击"文件"菜单,选择"另存为"。打开"另存为"对话框,如图 3.1.6 所示。在"另存为"对话框中,有三个要素要注意:保存位置、文件名、保存类型。输入三要素之后点击"保存"即可。

提示:保存按钮将覆盖已有文件,而"另存为"选项则可以将文件保存到其他位置,并以其他文件名来保存。

（三）文档的编辑和修改

1. 文档的录入

文档的录入，一般使用键盘就可以完成，需要注意的是在状态栏中如图 3.1.7 所示，有一个"插入"按钮，此按钮单击以后会变成"改写"状态，此时文档输入的内容将会覆盖原有内容。

页面: 1/1 │ 字数: 0 │ 🐌 │ 中文(中国) │ 插入 │ 📓

图 3.1.7　状态栏

2. 选取文档中的文本

若对文本内容进行复制、移动或删除及格式的修改，首先要选取文本内容，一般情况使用鼠标拖动可以选取所需的文本内容，但有时需要使用特殊方法：

① 按住【Ctrl】键可选取几处不连续的内容。

② 鼠标放在文档左边的选择区，单击可选择一行，双击选择一段，三击选择全文。

③ 菜单栏上的"编辑"→"全选"命令，或按【Ctrl＋A】组合键也可选取全文。

三、文档的页面设置

Word 文档创建完成后要对文档进行页面设置，页面设置包括设置纸张大小、页边距、文档网格、页面边框、页面水印、页面颜色等。

页面设置可以直接在页面设置菜单中进行设置，也可以打开"页面设置"选项卡进行设置，"页面设置"菜单以下拉菜单形式打开，点击所需要选项即可，如图 3.1.8 所示。

一般设置页面在"页面设置"选项卡中，在"页面设置"选项卡中，有"页边距""纸张""版式""文档网格"四个对话框，如图 3.1.9 所示。

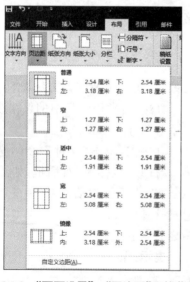

图 3.1.8　"页面设置"→"页边距"下拉菜单

图 3.1.9　"页面设置"对话框

① "页边距"选项卡：页边距指的是文档中的文字与纸张边线之间的距离。在有缩进的

段落中,该段落与纸张边线的距离是缩进长度加上边界宽度(页边距)。在"页边距"选项卡中可以设置上下左右页面边距一级纸张方向和页码的范围等如图 3.1.9 所示。

　　②"纸张"选项卡:选择"页面设置"对话框中的"纸张"选项卡,如图 3.1.10 所示。单击"纸张大小"下方的下拉列表框右边的下拉按钮,在弹出的列表框中选择所需的纸张大小。如果需要自定义"宽度"和"高度",可在"宽度"和"高度"数据框中输入或选择所需的数值。"纸张来源"可以设置打印时纸张的进纸方式。

　　③"版式"选项卡:如图 3.1.11 所示。在此选项卡中可以设置页眉、页脚的版面格式,还可以设置页眉和页脚的奇偶页不同以及首页不同等。

图 3.1.10　"页面设置"→"纸张"选项卡

图 3.1.11　"页面设置"→"版式"选项卡

图 3.1.12　"页面设置"→"文档网格"选项卡

　　④"文档网格"选项卡:如图 3.1.12 所示,在此选项卡中,可以设置文档的每页行数、每行字数、栏数、文字排列、应用范围以及字符跨度和行的跨度。

　　如设置页面为 A4 纸,上下边距为 2.5 厘米,左右边距为 3 厘米,每页 42 行,每行 38 个字符,即在页面设置选项卡中分别设置。在文档网格对话框中,一定要选择"指定行和字符网格",才可以设置每页的行数和每行的字符数。

　　页面水印在"设计"菜单里进行设置,可以使用自带的水印,也可以通过"其他水印"或者"自定义水印"来设置需要的水印。如图 3.1.13 所示。

　　如设置"严禁复制"红色水印,选择"自定义水印",打开对话框设置对应的水印即可。

页面颜色在页面设置菜单中进行设置,可以直接点击选择所需颜色,也可以打开"其他颜色"对话框设置更丰富的颜色,如果需要设置填充效果,则可以打开"填充效果"对话框进行相应的设置。如图 3.1.14 所示。

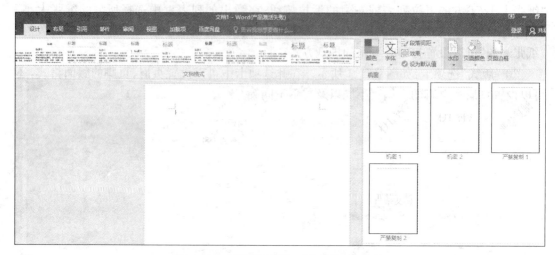

图 3.1.13　"页面设置"→"水印"下拉菜单

图 3.1.14　"页面设置"→"页面颜色"下拉菜单

四、字体的设置

Word 格式设置包括设置文本的字体、字形、大小、粗斜体、上下标、字体颜色和字符间距等。

1. 使用"字体"工具栏

如图 3.1.15 所示,在字体菜单中,可以方便地设置字体、字号、加粗、倾斜、下划线、文字颜色、字符边框、字符底纹、上标、下标以及增大字体、缩小字体、清楚格式等。

如设置标题字体:楷体、加粗、倾斜、28 磅、蓝色,操作步骤如下。

① 选中标题文本;

② 单击"字体"工具栏上"字体"列表框右

图 3.1.15　"字体"菜单

边的下拉箭头,打开"字体"下拉列表,默认值为"宋体",在"字体"下拉列表中选择"楷体",则所选文本变成楷体;

③ 单击"字体"工具栏上"B"按钮设置加粗;

④ 单击"字体"工具栏上"I"按钮设置倾斜;

⑤ 单击"字体"工具栏上"字号"列表框右边的下拉箭头,打开"字号"下拉列表,选择"28"即可设置字号为28磅;

⑥ 单击"字体"工具栏上"字体颜色"列表框右边的下拉箭头,打开"字体颜色"下拉列表,选中蓝色,即可设置字体为蓝色。

2. 使用"字体"选项卡

单击 图标,可以打开"字体"选项卡,在"字体"选项卡中有"字体"和"高级"两个对话框,如图 3.1.16 和 3.1.17 所示。

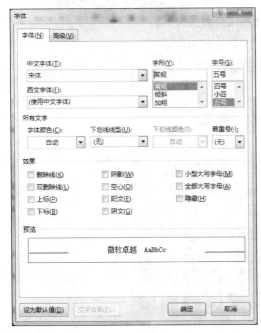

图 3.1.16　"字体"对话框　　　　图 3.1.17　"字体"→"高级"对话框

在"字体"对话框中可以设置如字体菜单中"字体""字形""字号""字体颜色""下划线""上标""下标""阴影""阳文""阴文"等,如果字体要求设置中文和英文为不同字体时,必须使用"字体"对话框。在"高级"对话框中,可以设置字符间距。

如设置标题字体:字符缩放 120%,操作如下。

打开"字体"对话框,在"高级"对话框中,可以设置字符缩放为 120%。

"字体"选项卡中还有"文字效果"设置,如图 3.1.18 所示。

如需给文字填充"中等渐变-个性色 2"的效果,则选择"文本填充"当中的"渐变填充",选择"预设渐变"颜色为"中等渐变-个性色 2"即可。如图 3.1.19 所示。

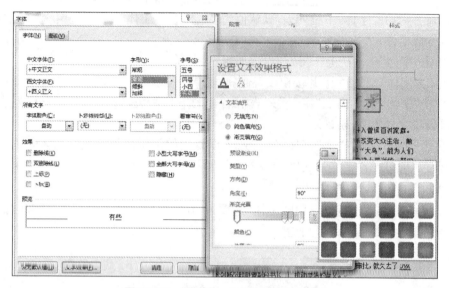

图 3.1.18 "字体"→"文字效果"对话框

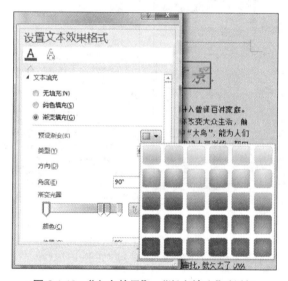

图 3.1.19 "文字效果"→"渐变填充"对话框

五、段落的设置

(一) 段落格式的设置

在 Word 中,段落是排版的最基本单位。自然段一般以回车符结束,连续文本为一个段落,有几个回车符就有几个段落。

段落格式的设置主要包括段落的对齐方式、缩进方式、段落间距、行距等项目的设定,如图 3.1.20 所示。

段落的对齐方式指的是文本段落在左、右边界表之间水平方向的对齐方式。Word 中有两端对齐、右对齐、居中对齐、分散对齐和左对齐。可使用两种方法设置对齐方式:段落菜单

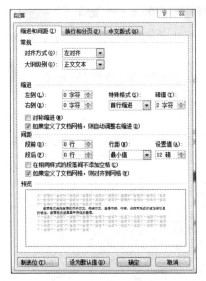

图 3.1.20 "段落"选项卡

上的对齐按钮和段落对话框。

段落对话框主要可设置左右缩进、首行缩进、悬挂缩进、段落间距、行距等。

① 如标题段前留空 0.5 行,段后留空 1 行:选中标题段,在"缩进和间距"对话框中的"间距"中"段前"输入"0.5","段后"输入"1"即可。

② 其余各段首行缩进 2 个字符:选中其余各段,在"缩进和间距"对话框中的"特殊格式"中选择"首行缩进",然后在右侧"磅值"中输入"2 字符"。

③ 正文第三段左缩进 3 个字符,右缩进 4 个字符:选中第三段,在"缩进和间距"对话框中的"缩进"中的"左侧"输入"3 字符""右侧"输入"4 字符"。

④ 正文第四段行距设置为双倍行距,第二段行距设置为 30 磅;选中第四段,在"缩进和间距"对话框中的"行距"中选择"2 倍行距",选中第二段,在"缩进和间距"对话框中的"行距"选中"固定值",在右侧"设置值"中输入"30 磅"。

⑤ 正文第五段悬挂缩进 2 个字符;选中第五段,在"缩进和间距"对话框中的"特殊格式"中选择"悬挂缩进",然后在右侧"磅值"中输入"2 字符"。

(二) 项目符号和编号

项目符号和编号可以使文档的层次结构更清晰、更有条理。

如为文档中无人机的用途"航拍摄影""电力巡检""保护野生动物""环境监测"等七段加型为"一、二、三、…"的项目编号。

项目符号和编号可以在"段落"菜单中直接设置,如图 3.1.21 所示。

单击右侧下拉菜单可以选择所需的样式,如图 3.1.22 所示。

图 3.1.21 "段落"菜单中的项目符号和编号

图 3.1.22 "段落"菜单中的项目符号的设置

还可以在"定义新标号格式"中设置默认情况下没有的样式,如图 3.1.23 所示。

如为文档中无人机的用途"航拍摄影""电力巡检""保护野生动物""环境监测"等七段加型为"一、二、三、…"的项目编号的设置步骤如下。

① 选中要设置的文字:"航拍摄影""电力巡检""保护野生动物""环境监测"等七段。

② 在段落菜单中选择"编号"图标右侧的下拉菜单。

③ 选择型如"一、二、三、…"的项目编号。

提示:如要设置项目符号的颜色或格式,则在"定义新项目符号"对话框中的"字体"对话框中设置,如图 3.1.24 所示。

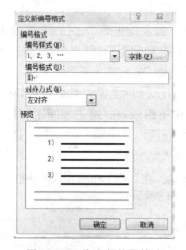

图 3.1.23　定义新编号格式

图 3.1.24　定义新项目符号

六、段落特殊格式

(一) 首字下沉

首字下沉是指段落中第一个字字体变大,其他部分保持不变的样式,可设置下沉位置、下沉行数、距正文距离及字体等。

在"插入"菜单中,"文本"选项卡中"首字下沉"设置,一般需要设置下沉的位置及行数,所以"首字下沉"对话框中设置,如图 3.1.25 所示。

首字下沉的位置可以是"下沉"或者"悬挂",当选择"悬挂"时,首字突出在段落的外面,其余文字显示缩进形式。

图 3.1.25　"首字下沉"对话框

(二) 分栏

分栏是指将文档中的文本分成两栏或多栏,是文档排版的一个基本方法。默认情况下,Microsoft Word 提供五种分栏类型,即一栏、两栏、三栏、偏左、偏右。

分为两栏的格式如图 3.1.26 所示:

分栏的设置在"布局"菜单中的"页面设置"菜单中,一般情况下直接设置两栏或偏左、偏右即可，但如果需要设置分割线分栏宽度，则需要打开更多分栏，如图 3.1.27 所示。

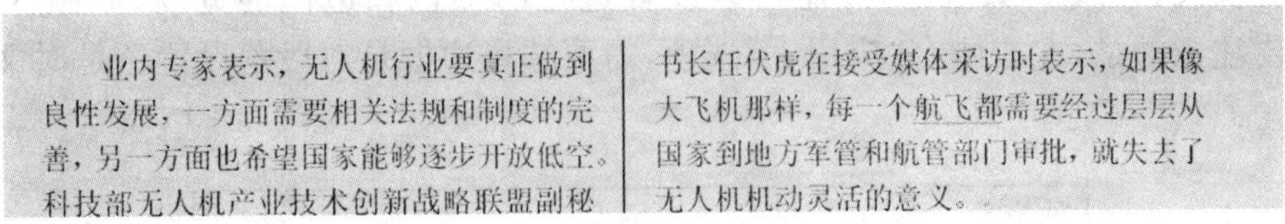

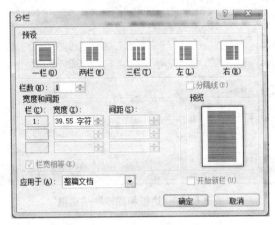

业内专家表示，无人机行业要真正做到良性发展，一方面需要相关法规和制度的完善，另一方面也希望国家能够逐步开放低空。科技部无人机产业技术创新战略联盟副秘
书长任伏虎在接受媒体采访时表示，如果像大飞机那样，每一个航飞都需要经过层层从国家到地方军管和航管部门审批，就失去了无人机机动灵活的意义。

图 3.1.26　两栏文本

分栏
预设
一栏(O)
两栏(W)
三栏(T)
左(L)
右(R)
栏数(N): 1
分隔线(B)
宽度和间距
预览
栏(C):
宽度(I):
间距(S):
1:
39.55 字符
栏宽相等(E)
应用于(A):
整篇文档
开始新栏(U)
确定
取消

图 3.1.27　“分栏”对话框

注意：文章最后一段分栏时，选中段落时不要选中回车符，或者在最后一段加回车符，再进行分栏操作，否则无法达到预定的分栏效果。

(三) 边框和底纹

1. 边框

边框和底纹都是在“开始”菜单中“段落”右下角的“边框”按钮里设置，如图 3.1.28 所示。

AaBb(
标题
段落
下框线(B)
上框线(P)
左框线(L)
右框线(R)
无框线(N)
所有框线(A)
外侧框线(S)
内部框线(I)
内部横框线(H)
内部竖框线(V)
斜下框线(W)
斜上框线(U)
横线(Z)
绘制表格(D)
查看网格线(G)
边框和底纹(O)...

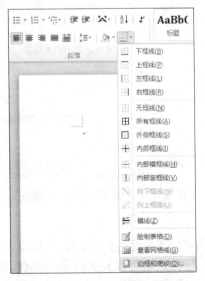

图 3.1.28　“边框和底纹”对话框位置

在"边框"选项卡中,可以设置边框的样式为方框、阴影、三维或自定义;样式中可以设置线条为实线、虚线等线型;另外还可以设置边框的颜色和边框的宽度,如图3.1.29所示。需要注意的是,在右侧有"应用于"选项,需要选择边框是对段落设置还是对文本进行设置。

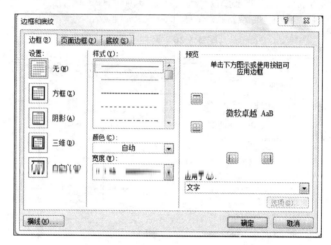

图 3.1.29 "边框和底纹"→"边框"

2. 底纹

在"底纹"选项卡中,可以设置"填充色"和"图案"的样式,同样要注意的是右侧"应用于"选项中,看是对段落设置底纹还是对文字设置底纹,如图3.1.30所示。

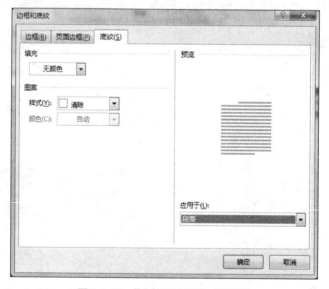

图 3.1.30 "边框和底纹"→"底纹"

3. 页面边框

在"边框和底纹"对话框中单击"页面边框"选项卡,如图3.1.31所示可以设置边框的样式为方框、阴影、三维或自定义;样式中可以设置线条为实线、虚线等线型;另外还可以设置边框的颜色和边框的宽度,但是需要注意的是,页面边框是对整篇文档设置的边框。

图 3.1.31 "边框和底纹"→"页面边框"

七、页眉、页脚、页码，脚注、尾注的设置

(一) 页眉、页脚和页码

页眉和页脚通常显示文档的附加信息，常用来插入时间、日期、页码、单位名称、徽标等。其中，页眉在页面的顶部，页脚在页面的底部。页眉和页脚通过在"页面"视图方式显示。

为文档添加页眉和页脚，都在"插入"菜单中，如图 3.1.32 所示。

图 3.1.32 "插入"→"页眉""页脚""页码"

页眉和页脚都是选中样式就可以直接输入所需要的内容，格式的设置和字体设置相同。但是有一些特殊情况，比如当要设置奇偶页页眉页脚不同或是首页不同时，需要先在页面设置中设置。

页码通常都是阿拉伯数字，一般只需设置页码的位置是在页眉还是页脚或是页边距等，如果页码需要设置特殊格式，如页码的编号格式，或是页码的起始页码等，则需要打开设置页码格式对话框，如图 3.1.33 所示，根据提示输入所需内容。

(二) 脚注和尾注

脚注和尾注是对文本的补充说明。脚注一般位于页面的底部，可以作为文档某处内容的注释；尾注一般位于文档的末尾，列出引文的出处等。

脚注和尾注都由两个关联的部分组成，包括注释引用标记和其对应的注释文本。用户可让 Word 自动为标记编号或

图 3.1.33 "页码格式"

创建自定义的标记。在添加、删除或移动自动编号的注释时，Word 将对注释引用标记重新编号。

插入脚注和尾注的步骤如下：

① 将光标移到要插入脚注和尾注的位置。

② 单击"引用"菜单中的"引用"→"脚注"菜单项即可，如需设置脚注或尾注的格式时，需要按 图标，打开脚注和尾注对话框，如图 3.1.34 所示。

设置完成后单击"确定"按钮，就可以在文档的指定位置输入脚注或尾注文本。

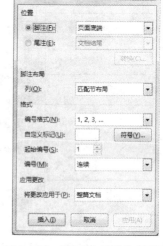

图 3.1.34　"脚注和尾注"对话框

八、查找与替换

如果要在文中查找一词或统一替换某一部分内容时，可以利用 Word 中的查找替换功能。

例如，将正文中所有"无人机"替换成"UAV"，并设置成倾斜、波浪下划线，操作步骤如下：

① 选择"开始"菜单最右侧"编辑"命令，打开"替换"对话框，在"查找内容"文本框中输入需要替换的文字，在"替换为"文本框中输入将要替换成的文字。单击"高级"命令，将光标置于"替换为"文本框中，选择"格式"→"字体"按钮。如图 3.1.35 所示。

图 3.1.35　"替换和查找"对话框

② 在"替换字体"对话框中，选择"字体"选项卡，替换为字体格式设置为"红色""加粗"，单击"确定"按钮。如果只替换文字的格式，文字内容不变，"替换为"文本框内容也可不填。

③ 选择"全部替换"→"关闭"按钮。

九、各种符号的使用

(一) 分页符

在 Word 2016 中，可以"插入"菜单中插入"分页"使文档分页符后面的内容另起一页排版,如图 3.1.36 所示。

(二) 特殊符号

特殊符号是不常用的一些符号,我们可以从插入菜单中符号选项插入,如图 3.1.37
所示。

图 3.1.36 分页符　　　图 3.1.37 "插入特殊字符"对话框

 任务拓展

(1) 调入任务 3.1.1 文件夹中的"Word1.docx"文件,如图 3.1.38 所示,按下列要求进行
操作。

① 将页面设置为:A4 纸,上、下页边距为 2.3 厘米,左、右页边距为 3 厘米,每页 42 行,
每行 40 个字符。

② 给文章加标题"了解引力波",设置为红色、华文新魏、一号字,居中显示,字符间距加
宽 5 磅,标题段落底纹填充茶色、背景 2、深色 25%。

③ 设置页面边框为 0.75 磅实线、标准色-绿色。

④ 给文章加水印"保密"。

⑤ 设置正文第一段首字下沉 3 行,首字字体为华文琥珀、距正文 0.1 厘米,其余各段设
置为首行缩进 2 字符。

⑥ 给正文第四段文字添加双下划线,并在该段第二行文字"迈克尔逊干涉仪"后插入尾
注,内容为"为研究漂移而设计制造的精密光学仪器"。

⑦ 将正文中所有的"引力波"设置为标准色-深红、加粗、倾斜、加着重号。

⑧ 设置首页页眉为"引力波探秘",其余页页眉为"研究引力波",均居中显示,并在所有
页的页面底端插入页码,页码样式为"三角形 2"。

⑨ 合并最后两段,并分成等宽两栏,加分割线。

⑩ 将文件以原文件名保存在任务 3.1.1 文件夹中。

(2) 调入任务 3.1.2 文件夹中的"Word2.docx"文件,按照要求完成下列操作,如图3.1.39所示。

① 将文中所有"郎"改为"狼"。

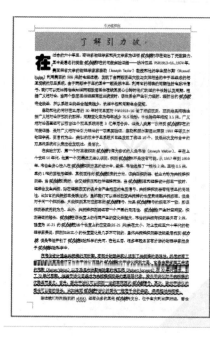

图 3.1.38　编辑效果

② 将标题段文字（"南通狼山风景区"）设置为二号蓝色（标准色）黑体、倾斜、居中。给标题文字加 1 磅红色边框，黄色底纹。

③ 设置正文各段落（"郎山风景……雅致的别称。"）段后间距为 0.5 行，第一段段首字下沉 2 行（距正文 0.2 厘米）；第二段首行缩进 2 个字符，在页面底端（页脚）插入"箭头 2"页码。

④ 给页面设置"橙色，个性色 2，淡色 60％"的页面颜色。

⑤ 将文中所有的数字设置为加粗、红色。

⑥ 将文章以文件名"狼山简介.docx"保存在任务 3.1.2 文件夹中。

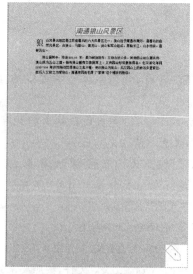

图 3.1.39　编辑效果

任务二　图文混排

任务描述

　　本次任务通过在文档"柴达木盆地.docx"中插入图片、文本框、自选图形、艺术字等,让大家学习并掌握了 Word 2016 对文章实现图文混排的相关内容,具体效果如图 3.2.1 所示。

我国青海有个著名的柴达木盆地。柴达木盆地是中国三大内陆盆地之一,属封闭性的巨大山间断陷盆地。位于青海省西北部,青藏高原东北部。四周被昆仑山脉、祁连山脉与阿尔金山脉所环抱,面积约 25 万平方千米。"柴达木"为蒙古语,根据清代统治者平定西域后为扫清语言障碍、巩固西北边疆的统治而编撰, 由乾隆皇帝亲自审定,研究西北少数民族历史地理的重要工具书《西域同文志》卷十六中,对此有清晰的说明:"蒙古语,柴达木,宽广之谓。滨河境, 地宽敞,故名",故意为"辽阔"之意。这里有水草丰美的牧场, 土壤肥沃的农田,奔腾不息的河流。在这富饶美丽的盆地内,还有 30 多个盐湖,如点点繁星,被人们称为"盐的世界"。

盆地中有我国最大的察尔汗盐湖。它有铁的盐。它的总面积有 5856 平方公里,400 多亿吨,够全世界食用 1000 多年。实就是一条长达 40 公里的盐筑的公路。汽车开过这里,好像在高速公路上行驶只要泼上盐水,晾干后就立刻平滑了。盐垒的墙,连青藏铁路一段也是从坚硬从盐湖里开采的盐,形状不一,颜色各

盐湖

盐而没有水,整个湖是坚硬如厚度达 15 至 18 米,储量达在这里有座"万丈盐桥",其由它质地坚硬,路面平坦,一样。盐桥若出现坎坷不平,在这里还有用盐修的房子,用的盐层上通过的。异,有雪花形、珍珠形、花环

形、水晶形……有的乳白、有的淡蓝、有的橙黄、有的粉红……,多么奇妙而美丽的盐的世界呀!

奇妙而美丽的盐的世界

图 3.2.1　编辑效果

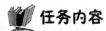

任务目标

　　☞ 掌握插入图片的方法及图片的设置;
　　☞ 掌握插入艺术字的方法及艺术字的格式设置;
　　☞ 掌握插入文本框的方法及文本框格式的设置;
　　☞ 掌握插入自选图形的方法及设置。

任务内容

　　打开任务 3.2 文件夹中的文档"柴达木盆地.docx",按如下要求操作,效果如图 3.2.1 所示。

　　① 在正文第三段的适当位置插入图片"盐湖.png",图片高度、宽度缩放比例均为 80%,环绕方式为四周型。

② 在文章标题位置插入艺术字"盐的世界",采用第三行第二列式样,形状为桥形,设置艺术字字体格式为隶书、48 号字,环绕方式为上下型,居中显示。

③ 在图片上添加文本框,并输入文字"盐湖",字体为隶书、四号、红色,设置文本框格式为无轮廓,无线条颜色。

④ 在文章结尾插入自选图形"前凸带形",填充黄色,线条颜色蓝色,环绕方式为上下型,居中,并输入文字"奇妙而美丽的盐的世界",字体格式为楷体、三号、蓝色,居中显示。

⑤ 将文档以原文件名保存在任务 3.2 文件夹中。

 ## 任务知识

一、图片的插入及设置

(一) 插入图片和删除

将光标定位到要插入图片的位置,在插入菜单中选择"插图"→"图片",即可打开"插入图片"对话框,如图 3.2.2 所示。

图 3.2.2 "插入图片"对话框

"视图"按钮可以设置图片文件在"文件列表框"中的显示效果,在左侧窗格中找到需要插入文档的图片所在的位置,找到此图片后,按"插入"按钮即可将图片插入到光标所在的位置。

注意:插入图片时鼠标不要选中某段文本,如果选中文本的话,图片会把文本替换掉。

选中图片,按【Delete】键或者单击右键选"剪切"按钮都可以删除图片。

(二) 图片的编辑

选中文档中的图片,在菜单栏中就会出现"图片工具"选项卡,在此工具栏中,我们可以轻松设置图片的一些格式,如删除背景、图片颜色的调整、艺术效果、图片的边框、效果、位置以及图片的对齐方式、裁剪、大小等,如图 3.2.3 所示。

常用的图片编辑,主要包括图片大小、位置、文字环绕方式等,可以在"大小"选项中的对

话框打开按钮 ，则打开"布局"对话框，在"布局"对话框中，有"大小""文字环绕""位置"三
个选项卡，如图 3.2.4 所示。

图 3.2.3 "图片工具"→"格式"菜单

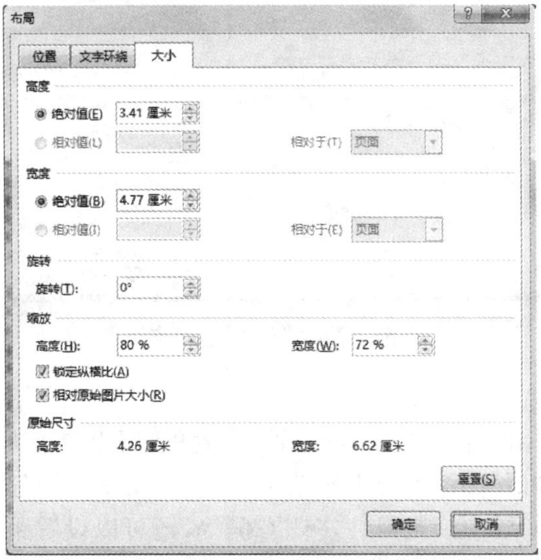

图 3.2.4 "布局"对话框

1. 图片大小

单击图片即可选定该图片，图片被选定后在图片边框出现 8 个控制点，可以通过这 8 个
控制点改变图片大小。当调整上下两个控制点时，可以拉长图片；当调整左右两个控制点可
以使图片变宽；当调整四个角的控制点，则是按
比例调整图片的大小；在图片的上方还有一个绿
色的小圆圈控制点，此控制点可以调整图片的旋
转。如图 3.2.5 所示。

当然，用控制点调整图片，只能随机调整图
片的大小，如果要精确调整图片大小时，必须使
用大小对话框，也可以在图片上单击右键，在快
捷菜单中选中"大小和位置"菜单打开此对话框。
在此对话框中可以调整图片具体的高度、宽度、
旋转、缩放等，还可以将图片不按比例调整。

2. 图片位置

图 3.2.5 图片的控制点

图片位置的选定可以通过鼠标的拖动来完成，但是如果要精确定位则需要使用"位置"
下拉列表中选择"其他布局选项"选项卡来设置，在"布局"对话框中选择"位置"选项卡，如图
3.2.6 所示。

在"位置"选项卡中,我们可以精确地设置图片的水平和垂直位置。

图 3.2.6　"位置"选项卡

3. 环绕方式

图片的环绕方式是指图片在文本中的位置,一般我们设置为四周型或是上下型,当然也有其他的环绕方式,比如嵌入式、紧密式等,都可以通过"文字环绕"选项卡来设置,当然还可以设置图片的位置,比如居中或是只在左侧右侧等,还可以设置距正文的位置,如图3.2.7所示。

图 3.2.7　"文字环绕"选项卡

4. 图片格式

设置图片的格式,主要通过图片格式选项卡来完成,选中图片后单击右键,可以打开"设置图片格式"对话框,其中包括设置图片的颜色与线条、大小、版式、图片等,如图 3.2.8 所示。

图 3.2.8 "设置图片格式"对话框

二、艺术字的使用

艺术字是一种特殊的文字效果，可以起到优化版面的作用，它以图形对象的形式放置在页面上，并可以进行移动、调整大小、旋转等操作。

如在文章标题位置插入艺术字"盐的世界"，采用第四行第三列式样，形状为桥形，设置艺术字字体格式为隶书、44 号字，环绕方式为上下型，居中显示。

插入艺术字在插入菜单中的艺术字中进行，如图 3.2.9 所示。

图 3.2.9 插入艺术字

（一）插入艺术字

① 选择"插入"→"艺术字"命令，打开"艺术字库"对话框，如图 3.2.10 所示；

② 选择一种艺术字式样，如第三行第二列样式，单击"确定"按钮，打开"编辑艺术字文字"对话框，在此对话框中可以设置艺术字的字体、字号、加粗倾斜，以及艺术字文字，如图 3.2.11所示；

③ 选择字体为隶书，字号 48，输入文本"盐的世界"，按"确定"按钮，即可得到如图 3.2.12所示的艺术字。

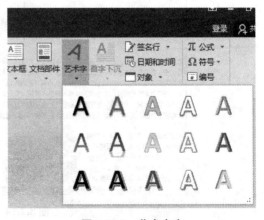

图 3.2.10 艺术字库

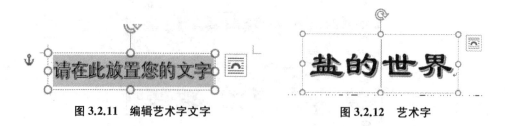

图 3.2.11　编辑艺术字文字　　　　　　　　　　　　　图 3.2.12　艺术字

（二）编辑艺术字

艺术字的编辑包括编辑文字、艺术字样式、阴影效果、三维效果、排列和大小，选中艺术字，在"艺术字样式"中会打开"格式"，如图 3.2.13 所示。

图 3.2.13　"艺术字样式"→"格式"

"文字"可以编辑艺术字文字、设置文字间距、对齐方式等。

"艺术字样式"可以重设艺术字样式、设置艺术字的边框和填充色，其中的"文本效果"最下方的"转换"并可以设置艺术字形状，可以设置成波形、腰鼓形、左牛角形、前进后远……如图 3.2.14 所示。

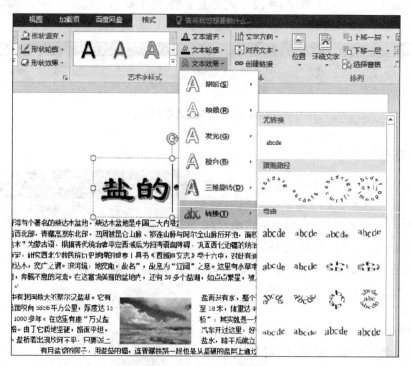

图 3.2.14　艺术字形状

"阴影效果"可以设置艺术字的阴影效果。

"三维效果"可以设置艺术字的三维效果。

"排列"可以设置艺术字的位置和环绕方式。

在"大小"选项右下角单击 按钮,可以打开"布局"对话框,在"布局"对话框中,有"位置""文字环绕""大小"三个对话框。其中,"大小"对话框和图片设置的"大小"对话框相同,可设置艺术字的高度、宽度、旋转等,如图 3.2.15 所示。

图 3.2.15　设置艺术字格式

"文字环绕"选项卡和图片中设置"文字环绕"选项卡基本相同,设置的是艺术字在文本中的位置,主要包括嵌入式、紧密型、四周型等,在高级中还可以设置上下型等,如图 3.2.16 所示。

图 3.2.16　"文字环绕"选项卡

三、文本框的使用

文本框是用来输入文字的一个矩形方框,它可以插入在页面的任何位置。文本框一般分为横排文本框和竖排文本框,在 Word 2016 中提供了很多文本框的样式,如简单文本框、奥斯汀提要栏、边线型提要栏、传统型提要栏、瓷砖型引述、朴素型引述……可以根据自己的需要选择合适的文本框样式,如图 3.2.17 所示。

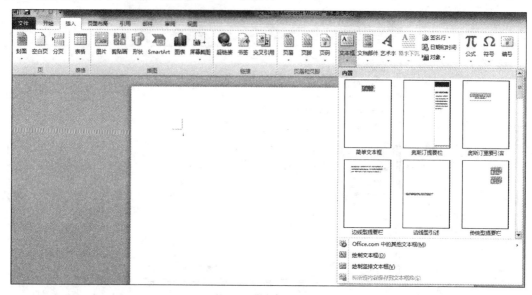

图 3.2.17　插入文本框

一般情况下,选择普通文本框,输入文字后进行设置,如在图片上添加文本框,并输入文字"盐湖",字体为隶书、四号、红色,设置文本框格式为无轮廓填充,无颜色填充。

(一) 插入文本框

选择"插入"菜单中的"文本框"按钮,选取合适的文本框样式,在文档中将出现选中的文本框,在文本框内部单击,光标将会出现在文本框中,输入文字即可完成文本框的插入。

(二) 编辑文本框

文本框的编辑,一般包括文本框的编辑和内部文字的编辑,内部文字的编辑同文本的字体的设置,这里主要介绍文本框的编辑。

单击文本框边框(注意:对文本框操作必须选中文本框的边框),可以选中文本框,此时文本框周围会出现 8 个控制点和一圈虚线,通过这些控制点可以改变文本框大小。

在文本框选中状态下,将鼠标移至文本框边框,当鼠标变为十字箭头形状时,按下鼠标拖动,可以移动文本框。按【Delete】键可以删除文本框。

在文本框边框上双击鼠标,在菜单栏将打开"文本框工具",与"艺术字工具"类似,这里不再详细讲述,如图 3.2.18 所示。

选中文本框边框后,单击鼠标右键,选择"设置文本框格式",可以打开"设置文本框格式"对话框,在此对话框中,和图片及艺术字的格式设置类似,可以设置颜色与线条、大小、版式及可选文字,在此对话框中,"文本框"对话框可以打开,在此对话框中,可以设置文本框的内部边距及垂直对齐方式,如图 3.2.19 所示。

图 3.2.18　"文本框工具"

图 3.2.19　"设置文本框格式"对话框

四、绘制形状

利用 Word 2016 提供的形状工具可以自己绘制图形,通过图形的设置和组合,可以制作出美观的图片。如在文章结尾插入形状"前凸带形",填充黄色,并输入文字"奇妙而美丽的盐的世界",字体格式为楷体、三号、蓝色,居中显示。

(一) 插入形状

在"插入"菜单中选择"形状"按钮,将打开形状选择菜单,如图 3.2.20 所示。

Word 2016 中提供了各种形状供我们选择,如线条、基本形状、箭头汇总、流程图、标注及星与旗帜等,选择合适的形状,鼠标将变为黑色十字,在需要插入的位置拖动鼠标,即可插入所需图形。

(二) 形状的设置

插入的形状如图 3.2.21 所示,一般都需要进行

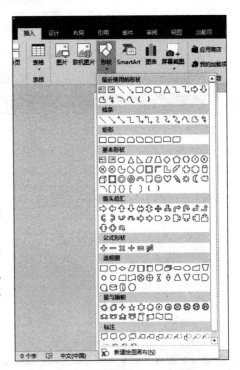

图 3.2.20　"插入"→"形状"

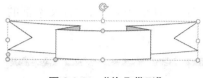

图 3.2.21　"前凸带形"

设置。

　　鼠标选中形状后,在工具栏中会出现如图3.2.22所示的绘图工具,操作方法同图片和艺术字的工具类似,这里不再详细介绍。

图 3.2.22　"绘图工具"

　　按下大小右侧的 █ 按钮,可以打开形状的"布局"对话框,"布局"对话框中可以设置形状的位置、环绕方式和大小,如图 3.2.23 所示。

图 3.2.23　"布局"对话框

　　选中形状后,单击鼠标右键,选择"设置形状格式"选项,可以在 Word 窗口的右边打开"设置形状格式",具体操作也和图片及艺术字类似,如图 3.2.24 所示。

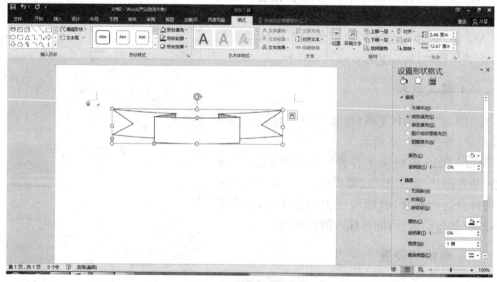

图 3.2.24　设置形状格式

（三）形状的组合

一个图形有时需要将多个自选图形组合在一起来实现，对于插入的多个自选图形，可以将它们组合在一起，以便一起复制和移动。操作时按住【Shift】键，可以同时选中多个自选图形，在选中图形上单击鼠标右键，选择快捷菜单中的"组合"→"组合"命令，选中的自选图形变为一个整体，此后的编辑是针对组合的整体。要取消组合可以在图形快捷菜单中选择"组合"→"取消组合"命令即可。

（四）给形状插入文字

形状有时会作为文本框来使用，如此题的要求：文章结尾插入自选图形"前凸带形"，填充浅黄色，并输入文字"奇妙而美丽的盐的世界"。

要在图形内插入文字，右击图形边框，在弹出的快捷菜单中选择"添加文字"命令，此时光标会定位在自选图形内部，可以输入文字，设置文字格式。此时的形状和文本框相同，对形状的操作也和对文本框的操作一样。

任务拓展

（1）调入任务 3.2.1 文件夹中的 ed1.docx 文件，按下列要求顺序进行编辑，如图 3.2.25 所示。

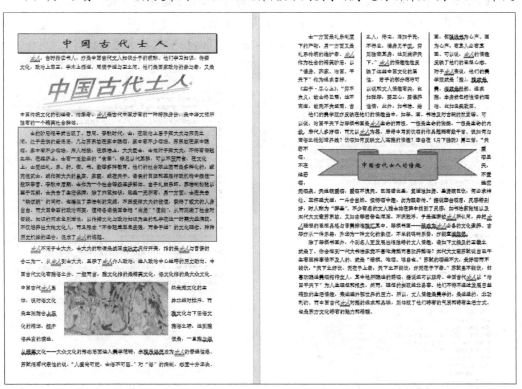

图 3.2.25　编辑效果

① 将页面设置为：A4 纸，上、下页边距为 2 厘米，左、右页边距为 3 厘米，每页 40 行，每行 38 个字符。

② 给文章加标题"中国古代士人",设置其格式为华文新魏、二号字、标准色-深蓝,居中显示,字符间距加宽 6 磅、字符缩放 130%。

③ 将文章标题段加上 1.5 磅带阴影的标准色红色单线边框、20%的底纹。

④ 正文所有段落设置为首行缩进 2 字符。

⑤ 将正文中所有的"士人"设置为标准色-蓝色、倾斜、双下划线。

⑥ 将第二段行距设置为最小值 12 磅,加上紫色 0.75 磅的单波浪线边框,底纹填充紫色,个性色 4,淡色 60%。

⑦ 将第三段行距设置为 1.5 倍行距。

⑧ 将正文的第四段分成等宽三栏,栏间加分隔线。

⑨ 将文章最后两段合并为一段。

⑩ 参考样张,在正文适当位置插入图片"士人.jpg",设置图片高度为 4 厘米、宽度为 8 厘米,环绕方式为紧密型。

⑪ 参考样张,在正文适当位置插入"前凸带形",添加文字"中国古代士人的情趣",设置其字体格式为华文新魏、四号字、标准色-深蓝,设置该形状的填充色为标准色-浅绿,形状轮廓为 0.5 磅线条,环绕方式为四周型。

⑫ 在文章第一段插入艺术字"中国古代士人",艺术字样式为填充色-红色,着色 2,轮廓-着色 2,40 磅,黑体,前进后远,透视阴影样式为靠下,上下型环绕方式。

⑬ 保存文件 ed1.docx,存放于任务 3.2.1 文件夹中。

(2) 调入任务 3.2.2 中 ed2.docx 文件,参考图 3.2.26,按下列要求进行操作。

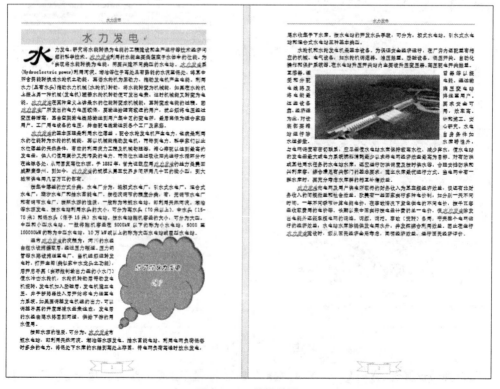

图 3.2.26 编辑效果

① 将页面设置为 A4 纸，上、下页边距为 2.3 厘米，左、右页边距为 3 厘米，装订线距上方 0.1 厘米，每页 42 行，每行 36 个字符。

② 给文章加标题"水力发电"，设置其格式为幼圆、二号字、标准色-蓝色，字符间距加宽 6 磅，居中显示，标题段落底纹填充橄榄色、个性色 3、淡色 60%。

③ 设置正文第一段首字下沉 3 行、距正文 0.2 厘米，首字字体为隶书、倾斜，其余各段设置为首行缩进 2 字符。

④ 将正文中所有的"水力发电"设置为标准色-绿色、倾斜、双波浪线。

⑤ 参考样张，在正文适当位置插入"云形标注"，添加文字"你了解水力发电吗?"，设置其字体格式为：华文琥珀、四号字、标准色-深蓝、倾斜，设置形状填充色为标准色-浅绿，形状效果为阴影：内部右上角，环绕方式为四周型。

⑥ 参考样张，在正文适当位置插入图片"水电.jpg"，设置图片高度为 5 厘米、宽度为 10 厘米，环绕方式为紧密型。

⑦ 设置文档页眉为"水力发电"，并在所有页的页面底端插入页码，页码样式为"带状物"，均居中显示。

⑧ 保存文件 ed2.docx，存放于任务 3.2.2 文件夹中。

任务三 表格的设置

 **任务描述**

通过制作一张课程表,了解 Word 2016 中如何制作表格,表格内容的输入以及表格的格式化,具体如图 3.3.1 所示。

	星期一	星期二	星期三	星期四	星期五
课程					
第 1 节	语文	数学	数学	语文	数学
第 2 节	体育	外语	外语	历史	外语
第 3 节	化学	语文	生物	外语	物理
第 4 节	数学	生物	语文	数学	语文

图 3.3.1 课程表

通过制作一张成绩表,了解 Word 2016 中如何制作表格,表格内容的输入以及表格的格式化,具体如图 3.3.2 所示。

姓名	数学	外语	政治	语文	平均成绩
王立	98	87	89	87	90.25
顾升泉	95	89	82	93	89.75
周理京	85	87	90	95	89.25
柳万全	90	85	79	89	85.75
李萍	87	78	68	90	80.75

图 3.3.2 成绩表

任务目标

☞ 掌握插入表格及文本转换为表格的方法;
☞ 掌握表格行列变化的设置:单元格的合并、拆分、增加行列、删除行列等;
☞ 掌握表格属性:表格样式、位置、大小、行高、列宽、对齐方式、边框、底纹、边距等的设置;
☞ 掌握表格中数据的处理:排序、公式。

任务内容

(1) 任务1

新建一个 Word 文档,输入如图 3.3.1 所示的课程表,要求如下:

① 插入 6 行 6 列的表格并设置表格居中。

② B1:F1 单元分别输入内容"星期一""星期二""星期三""星期四""星期五",字体设置成楷体_GB 2312,字号设置成四号,加粗,文字方向更改为"纵向",垂直对齐方式为"居中"。

③ B3:F6 单元格分别输入相应内容,并设对齐方式为"中部右对齐"。

④ 第二行单元格底纹为"灰色 25%"。

⑤ 设置表格外框线为蓝色双窄线 1.5 磅、内框线为单实线 1 磅,第二行上、下边框线为 1.5 磅蓝色单实线。

⑥ 设置表格所有单元格上、下边距各为 0.1 厘米,左、右边距均为 0.3 厘米。

(2) 任务 2

打开任务 3.3.1 中的 Word2,要求完成表格,结果如图 3.3.2 所示。

① 将文档内提供的数据转换为 6 行×6 列表格。设置表格居中、表格各列列宽为 2 厘米、表格中文字水平居中。

② 计算各学生的平均成绩。

③ 按"平均成绩"列降序排列表格内容。

任务知识

一、表格的插入及转换

(一) 绘制表格

在"插入"中选择"表格",点击下拉按钮,即出现"插入表格"下拉菜单,如图 3.3.3 所示,其中可以直接拖动表格 6 行×6 列,即可得到所需行列的表格。

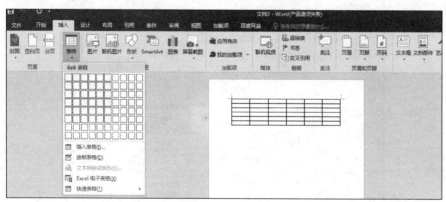

图 3.3.3　插入表格

也可以通过"插入表格",打开"插入表格"对话框,输入所需行、列数。

还可以通过"绘制"表格,打开画笔,在文档中直接绘制表格,此方法相对麻烦一些,所以不建议使用。

(二) 文本及表格的转换

如果文档中有一些排列整齐的文字,是可以直接转换为表格的,如图 3.3.4 所示的文本,可以在"插入"→"表格"中选择"文本转换成表格",直接将文本转换为表格,如图 3.3.5 所示。

姓名	数学	外语	政治	语文	平均成绩
王立	98	87	89	87	
李萍	87	78	68	90	
柳万全	90	85	79	89	
顾升泉	95	89	82	93	
周理京	85	87	90	95	

图 3.3.4　文本　　　　　　　　　　　图 3.3.5　文本转换成表格

二、表格行列的增减

(一) 插入行或列

表格中插入行或列的方法:选中要插入行或列边上的行或列,然后在"表格工具"→"布局"→"行或列"中就可以插入行或者列,也可以选中行列后,单击右键在快捷菜单"插入"中插入行或者列,如图 3.3.6 所示。

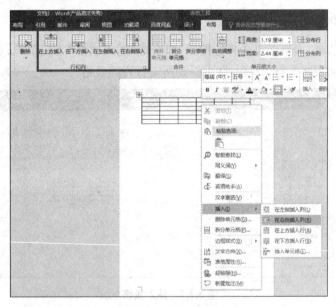

图 3.3.6　插入行或列

(二) 删除行、列、表格

选中准备删除的行或列,在"布局"中选择"删除",如图 3.3.7 所示,或者单击鼠标右键选"删除行"如 3.3.8 所示,即可,也可以在"删除表格"中进行,或者直接选中后按【Delete】键。

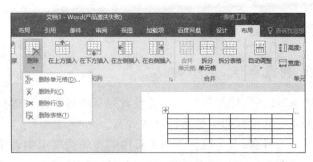

图 3.3.7　"删除"菜单

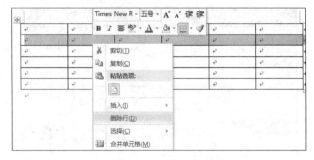

图 3.3.8　"删除行"快捷键

(三) 单元格合并/拆分

1. 单元格的合并

选中待合并的单元格区域,单击右键,选择快捷菜单中的"合并单元格"命令或单击"布局"工具栏上的"合并单元格"按钮,如图 3.3.9 和图 3.3.10 所示。

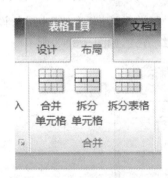

图 3.3.9　"布局"→"合并/拆分单元格"

图 3.3.10　"合并单元格"

提示:如果选中区域不止一个单元格内有数据,那么单元格合并后数据也将合并,并且分行显示在这个合并单元格内。

2. 单元格的拆分

将插入点置于需拆分的单元格中,单击右键,选择快捷菜单中的"拆分单元格"命令,键入要拆分成的行数和列数,单击"确定"按钮即可将其拆分成等大的若干单元格,如图 3.3.11 所示。

图 3.3.11　"拆分单元格"

三、表格属性的设置

(一) 调整行高、列宽

一般调整行高列宽时,将鼠标指针指向需要设置列宽的行或列的边框上,当鼠标指针变成双箭头形状时单击并拖动鼠标即可调整行高或列宽。

如需精确调整列宽或行高,则可以在表格工具中的布局选项卡中调整或者选中行或列,单击右键,打开"表格属性"对话框,可在"行"或"列"中设置,如图 3.3.12 所示。

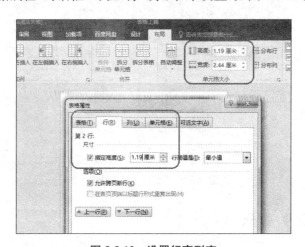

图 3.3.12　设置行高列宽

(二) 对齐方式的设置

表格的对齐方式是指表格位于文档中的位置,在"表格属性"对话框"表格"中进行设置,可设置表格为左对齐、居中或是右对齐,还可以设置文字环绕方式,如图 3.3.13 所示 。

图 3.3.13　"表格属性"→"表格"

图 3.3.14 "表格属性"→"单元格"

　　表格中数据在默认情况下，一般都处于"左对齐"方式，如果要设置内容的对齐方式，在"表格属性"对话框"表格"中，可以设置垂直对齐方式。如果要同时设置文本的水平对齐和垂直对齐，一般可以在"布局"的"对齐方式"中设置，如图 3.3.15 所示。

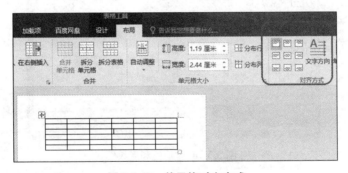

图 3.3.15 单元格对齐方式

（三）单元格边距

　　单元格边距是指单元格内信息与边界线的距离，在"布局"选项卡"单元格边距"中设置，如图 3.3.16 所示。

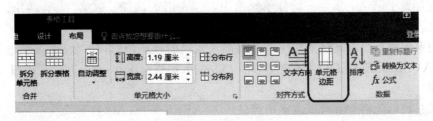

图 3.3.16 "单元格边距"

（四）表格的边框和底纹

为了美化表格或突出表格的某一部分，可以为表格设置边框和底纹。

Word 2016 中自带一些表格样式，在"表格工具"中"设计"选项卡里可以直接选择，如图 3.3.17 所示。

图 3.3.17　"表格样式"

如果想自定义设置边框或底纹，在"表格样式"右侧可以自定义设置底纹或边框，也可以打开"边框和底纹"对话框进行设置，这里的设置和段落文本的边框底纹设置基本相同，不再详细介绍，如图 3.3.18 所示。

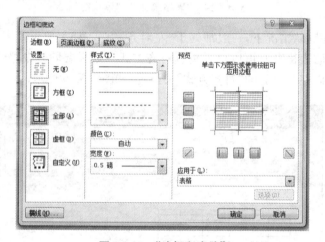

图 3.3.18　"边框和底纹"

四、表格中公式的使用

Word 提供了对表格数据进行求和、求平均值等常用的统计计算功能，利用这些计算功能可以对表格中的数据进行计算。

在成绩表中计算各学生平均分，步骤如下：

将光标置于第一个学生平均分单元格中，在"表格工具"的"数据"菜单（如图 3.3.19 所示）中点击"公式"按钮，打开"公式"对话框，如图 3.3.20 所示。

此时系统根据当前光标所在位置及周围单元格的数据内容，在"公式"编辑框中添加了公式"＝AVERAGE(LEFT)"，自动对单元格左侧数据进行求和，单击"确定"按钮，即可得到所需结果。

如果是对单元格上方数据求平均将显示"＝AVERAGE(ABOVE)"。

表格中单元格的名称默认情况下行定义为 1、2、3……，列定义为 A、B、C……，如 A1 表示第一列第一行的单元格,公式中也可以引用单元格地址。

如公式"＝SUM(A1,B2)"表示单元格 A1 与单元格 B2 内的两个数值相加;公式"＝AVERAGE(A1:B2)"表示单元格 A1 至 B2 区域的 A1、A2、B1 和 B2 单元格内的数值求平均。

当表格内数据发生改变后,右键单击公式,然后单击"更新域",可以手动更新特定公式的计算结果。

图 3.3.19　"布局"→"数据"

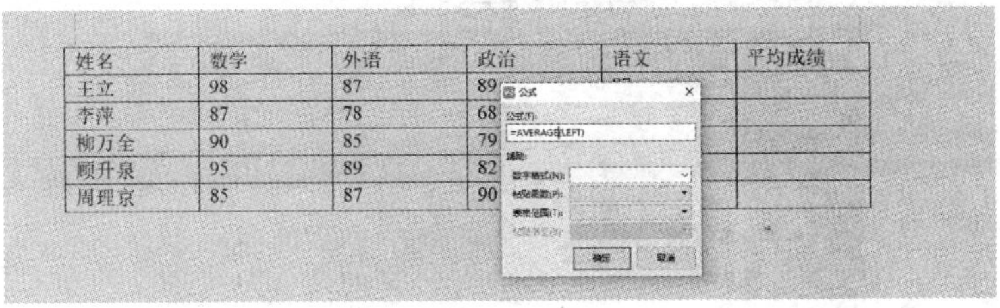

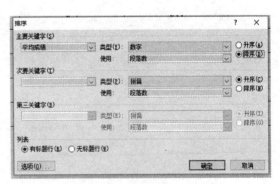

图 3.3.20　"公式"对话框

五、表格中的排序

在表格中,如果需要对表格中的数据进行排序,如在成绩表中按"总分"进行降序排序,操作如下:

鼠标放在需要排序的列中,在"布局"中点击"排序"按钮,打开"排序"对话框,如图3.3.21 所示。

在"排序"对话框中,需要设置"主要关键字",即本次排序是按照什么数据进行的,如主要关键字有相同时,会设置次要关键字,如果还有相同时则需要设置第三关键字。

关键字设置好之后还需要设置排序的类型,也就是本次排序是按照什么样的规则进行的,比如按拼音顺序或是数字大小等。

图 3.3.21　"排序"对话框

排序还要设置升序或是降序,按要求进行设定。

"排序"对话框中还需要选择是否有标题行,按选中的范围进行选择即可。

 **任务拓展**

(1) 在任务 3.3.1 文件夹下,打开文档 word2.docx,按照要求完成下列操作并以原文件

名保存文档,设置表格如图 3.3.22 所示。

① 将文中后 7 行文字转换成一个 7 行×5 列的表格,设置表格居中、表格中的文字水平居中。

② 为第一行第三列单元格中的"℃"加尾注"摄氏和华氏的转换公式为:1 华氏度=1 摄氏度 * 9/5+32"。

③ 在表格"高温(℉)"后面插入一列,在第一行输入"低温(℉)",并根据脚注内容计算出对应的华氏低温,填在下方对应单元格中,并按"低温(℃)"列降序排列表格内容。

④ 设置表格各列列宽 2.6 厘米、各行行高 0.8 厘米。

⑤ 设置表格样式为"网格表 4,着色 3",为表格第 2 行至第 7 行的第 1 列添加"橄榄色,个性色 3,深色 25%底纹"。

⑥ 将文档以原文件名保存在任务 3.3.1 文件夹中。

全国部分城市天气预报

城市	天气	高温(℃)	低温(℃)	高温(℉)	低温(℉)
海口	多云	30	24	86	75.2
成都	多云	20	16	68	60.8
上海	小雨	19	14	66.2	57.2
武汉	小雨	17	13	62.6	55.4
乌鲁木齐	阴	3	-3	37.4	26.6
哈尔滨	阵雪	1	-7	33.8	19.4

摄氏和华氏的转换公式为:1 华氏度=1 摄氏度*9/5+32

图 3.3.22　表格制作

(2) 同学们自己设计表格,完成自我简历的制作。

任务四 Word 综合应用

🖥️ 任务描述

通过本任务,回顾 Word 2016 中所学内容,进行复习巩固,完成如图 3.4.1 所示的 Word
文档的编辑排版。

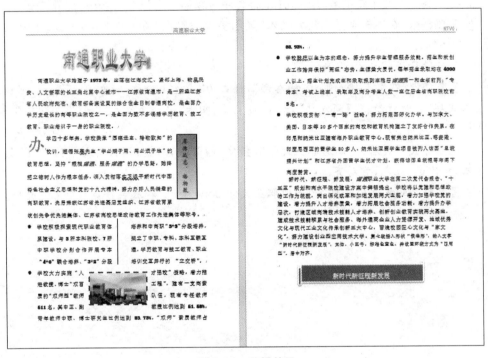

图 3.4.1 编辑效果

📖 任务内容

打开任务 3.4 文件夹中"南通职业大学.docx"文件,参考图 3.4.1,按下列要求顺序进行
编辑:

① 参照样张,在文章开头适当位置插入艺术字"南通职业大学"作为标题,采用"渐变填
充-紫色着色 4,轮廓-着色 4"艺术字式样,将文字设置为隶书、字号 32,并设置艺术字的形状
为"转换—弯曲—腰鼓"型,环绕方式为"上下型"。

② 将页面设置为 16 开,左右页边距均为 2.6 厘米,每页 35 行,每行 36 个字,设置文章
字体为宋体、小四号字,行距最小值为 26 磅。

③ 参照样张,在适当位置插入竖排文本框,输入文字"厚德远志、格物致知",设置其文

字为华文新魏、标准色-红色、四号字,居中。

④ 设置文本框大小(高度×宽度)为 5 厘米×1.6 厘米,环绕方式为"紧密型",填充效果为渐变填充"顶部聚光灯-个性色 5",类型"线性",方向"线向下",参照样张调整其位置。

⑤ 将文中第二段开始的所有"南通"设置为蓝色、加粗、倾斜。

⑥ 将文中所有的数字设置为粗体字。

⑦ 第二段首字下沉两行,楷体,标准色-绿色。

⑧ 将正文第三段分成相等两栏,加分隔线。

⑨ 将文章第四段和第五段内容交换。

⑩ 在文章第四段中插入任务 3.4 文件夹下文件名为 ntvu.png 的图片,设置图片为四周型,大小为 2.4 厘米×4.5 厘米,并添加红色、2.25 磅短划线边线。

⑪ 将任务 3.4 文件夹下名为 read.txt 的文件内容插入文档中,作为倒数第二段。

⑫ 参照样张,在第三至第六段前插入"黑色实心小圆点"项目符号,第一段、第七段首行缩进 2 个字符。

⑬ 第二段行距调整为 28 磅。

⑭ 参照样张,在文末插入形状"横卷形",样式为"浅色 1 轮廓,彩色填充-紫色,强调颜色 4",输入文字"新时代新征程新发展",设置为宋体、四号,并设置形状大小为高 1.8 厘米、宽 10 厘米,居中对齐。

⑮ 设置奇数页页眉为"南通职业大学",楷体、四号字,居中;偶数页页眉为"NTVU",黑体,小四,标准色-红色,右对齐。

⑯ 将编辑好的文件以文件名"南通职业大学 done.docx"存放在任务 3.4 文件夹中。

项目四　Excel 2016 电子表格

项目描述

Microsoft Office Excel 是微软公司推出的办公自动化 Microsoft Office 系列套装软件中的一个独立产品。Excel 拥有强大的计算、分析、传递和共享功能,可以帮助用户制作各种复杂的表格,完成烦琐的数据计算,以彩色图形可视化直观形象传达信息,提供分析和统计工具帮助用于科学分析数据。本项目涵盖了 Excel 的基本功能:表格的创建、编辑、美化,函数、公式的应用,图表制作、数据排序、筛选、分类汇总等操作。通过本项目的学习,我们能非常轻松地学会使用 Excel。

任务一　建立学生基本信息表

**任务描述**

随着新学期的到来,班主任让班长小刘用 Excel 制作一张汽车营销 191 班同学基本信息表,并以文件名"同学基本信息"来进行保存,具体要求如下:

① 输入序号、学号、姓名、性别、籍贯、出生日期、手机号码。

② 对表格进行格式化处理以美化表格。

小刘借助 Excel 进行了快速输入,并且对基本格式进行了处理,效果如图 4.1.1 所示。

序号	学号	姓名	性别	籍贯	出生日期	手机号码
	汽车营销191班同学基本信息表					
191003201	卜亚兰	女	江苏省淮安市		2000年7月21日	15636609641
191003202	陈江江	女	江苏省徐州市		2000年9月14日	15712171086
191003203	陈亚南	女	四川省广安市		2000年7月23日	18837715156
191003204	刘姝凡	女	安徽省安庆市		2000年7月25日	13737019592
191003205	路瑞	女	四川省达州市		2000年8月10日	18814044132
191003206	唐宇	女	广西省贵港市		2000年2月15日	15345713961
191003207	杜天慈	男	贵州省铜仁市		2000年4月1日	13044037580
191003210	杨尚	男	广西省柳州市		2000年10月28日	13871684085

图 4.1.1　同学基本信息表效果图

任务目标

☞ 掌握 Excel 中不同格式内容输入方式;

☞ 掌握 Excel 单元格格式设置;

☞ 掌握 Excel 数据填充;

☞ 掌握 Excel 删除单元格操作。

 任务内容

① 启动 Excel 程序,新建一个空白工作簿,并以文件名"同学基本信息.xlsx"保存在当前文件夹。

② 在 A1 单元格中输入"汽车营销 191 班同学基本信息表"。

③ 在 A2:F10 单元格区域中按照图 4.1.1 所示内容分单元格输入数据。

④ 将 A1:F1 单元格合并居中,并设置字体为隶书、18 磅。

⑤ 将 A2:F10 单元格设置外框线为黑色最粗单线,内框线为黑色最细单线。

⑥ 设置 A2:F2 单元格字体颜色为"标准色-黄色",填充颜色为"主题颜色-蓝色,强调文字颜色 1,淡色 40%"。

任务知识

一、Excel 2016 的启动与退出

只要在计算机系统中安装了 Excel 2016 后,可以通过以下方法启动 Excel 2016:

① 通过"开始"按钮→"Excel 2016",可以启动 Excel 2016。

② 双击桌面上的 Microsoft Office Excel 2016 快捷方式图标。

③ 双击由 Excel 建立的"*.xlsx"工作簿文件,系统也将自动打开 Excel 程序。

在 Excel 中要注意关闭和退出的区别。"关闭"是指关闭当前的一个 Excel 编辑窗口,而"退出"Excel 则是指关闭所有已经打开的 Excel 文件编辑窗口,且退出 Excel 程序。

下列两种方法可以关闭 Excel 正在运行的一个工作簿:

① 单击 Excel 窗口标题栏右侧下方的"关闭"按钮;

② 选择"文件"菜单中的"关闭"命令。

若要退出 Excel 程序,可采用下列方法:

① 单击 Excel 工作窗口标题栏右侧的"关闭"按钮;

② 双击标题栏左侧的控制按钮;

③ 单击标题栏左侧的控制按钮,弹出下拉菜单后选择其中的"关闭"命令;

④ 选择"文件"菜单中的"退出"命令;

⑤ 通过【Alt+F4】组合键退出程序。

二、Excel 2016 窗口基本构成

启动 Excel 2016 后,可以看到如图 4.1.2 所示的工作窗口。与 Word 2016 的工作窗口相似,也有选项卡、状态栏等,但工作窗口是以表格形式呈现的。

(一)标题栏

标题栏在窗口的最上面,显示应用程序名"Microsoft Excel"和正在被编辑的工作簿名称,其最左边为控制图标和 Excel 程序常用工具,最右边为窗口最小化控制按钮、窗口最大化(还原)控制按钮和关闭按钮。

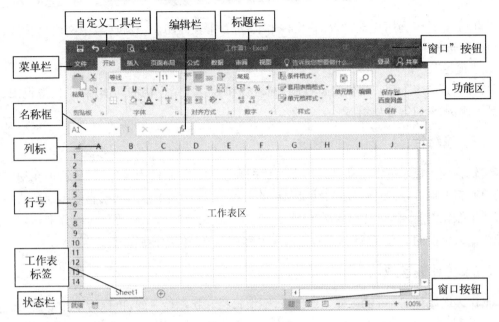

图 4.1.2 Excel 界面

(二) 菜单栏

菜单栏列出了 Excel 的一级菜单名称,基本菜单项包括"文件"菜单和"开始""插入""页面布局""公式""数据""审阅"和"视图"七个选项卡,每个菜单和选项卡是按照操作的类型进行分类的。

1."文件"菜单

"文件"菜单主要用于执行和文件有关的新建、打开、保存、关闭、打印和帮助等操作。

2."开始"选项卡

"开始"选项卡主要用于对单元格、行、列的格式和文字来进行编辑,包括字体、对齐方式、数字、样式、单元格、编辑等选项组。

3."插入"选项卡

"插入"选项卡主要用于插入图片、图表和艺术字、超链接等非文字内容,有表格、插图、图表、文本、符号等选项组。

4."页面布局"选项卡

"页面布局"选项卡用于对页面进行设置,有主题、页面设置、工作表选项和排列等选项组。

5."公式"选项卡

"公式"选项卡用于提供自动计算的公式和函数,提供函数库、定义的名称、公式审核、计算等选项组。

6."数据"选项卡

"数据"选项卡为用户提供外部数据连接和数据管理的功能,有获取外部数据、连接、排序和筛选、数据工具、分级显示等选项组。

7. "审阅"选项卡

"审阅"选项卡为用户提供校对、批注和保护工作表等功能,有校对、中文简繁转换、批注、更改等选项组。

8. "视图"选项卡

"视图"选项卡为用户提供浏览视图、网格线和拆分冻结窗格的功能,有工作簿视图、显示、显示比例、窗口等选项组。

(三) 编辑栏

编辑栏用于显示编辑活动单元格中的数据和公式。其左边为名称框,显示正在编辑的活动单元格的地址,其右侧显示活动单元格的内容,可以在其中输入和编辑数据及公式。中间有 3 个按钮 ，从左到右分别是"取消""确认"和"插入函数",功能分别是恢复到单元格输入之前的状态、确认单元格已输入内容和在单元格中使用函数。

(四) 工作表区域

工作表区域是 Excel 的主要工作区域,在编辑栏和状态栏之间,也称为工作簿窗口。在 Excel 中通常我们保存的文件就是一个工作簿,每一个工作簿可以包含若干个工作表,默认情况下包含 3 个工作表。每个工作表由位于工作簿下方的不同工作表标签来标记。

每个 Excel 工作表由行号、列号和工作表标签构成,其主体由若干行列交叉的单元格组成。行号用数字表示,列标由英文字母或英文字母组合表示。

单元格是工作表的最小单位,单元格所在列标和行号组成的标识称为单元格地址。例如,B5 代表第 B 列第 5 行处的单元格。

多个相邻单元格所组成的单元格区域可以使用单元格区域开始和结束的两个单元格的地址并且中间用冒号隔开。如 A1:A5 表示第 1 列中第 1~5 行之间的所有单元格,C1:F1 表示第一行中第 3~6 列之间的所有单元格,C4:E6 表示以 C4 单元格为起点 E6 单元格为终点的 9 个单元格所组成的单元格区域。

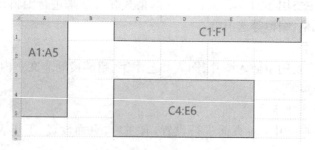

图 4.1.3　单元格区域示意图

三、新建和保存工作簿

(一) 新建工作簿

启动 Excel 时,系统会自动创建一个空白工作簿。如果已经打开了 Excel,还需要再新建工作簿,则可以选择"文件"菜单中"新建"命令,选择"空白工作簿",则可以建立一个新工作簿。新工作簿文件默认为"工作簿1",再次创建新工作簿则数字会可以依次往后顺延。

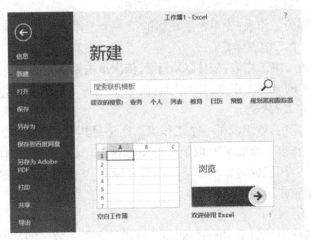

图 4.1.4　新建工作簿

(二) 保存工作簿

新建工作簿文件仅仅存放计算机内存文件中,需要及时保存到计算机硬盘中。因此可以使用"文件"菜单中的"保存"或者"另存为"命令进行保存,也可以直接选择快速访问栏中的"保存"按钮 ▉ ▉ 直接执行保存操作。如果在退出 Excel 时有正在运行的文件没有保存,也会提出是否需要进行保存。

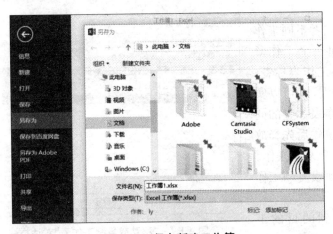

图 4.1.5　保存新建工作簿

图 4.1.6　工作表标签快捷菜单

(三) 工作表常见操作

工作簿文件中默认有三个工作表,每个工作表是一个独立的表格,可以根据需要在工作簿中进行插入、删除、移动、复制和重命名等操作。

1. 选定工作表

对工作表进行操作前需要先选定工作表,如果是单个工作表,只需要单击该工作表的标签就行了,如果需要选取多个工作表,则有以下方法:

① 选取一组相邻的工作表:先单击要成组的第一个工作表标签,然后按住【Shift】键,再单击要成组的最后一个工作表标签。

② 选取不相邻的一组工作表:按住【Ctrl】键,依次单击要成组的每个工作表标签。

③ 选取工作簿中的全部工作表:用鼠标右键单击任一工作表标签,从弹出的快捷菜单中选择"选定全部工作表"命令。

多个工作表被选定后,就组成了一个工作组。这是对其中一个工作表的编辑,可以作用到工作组中的其他工作表。而如果要取消工作组的选定,只要单击除当前工作表以外的任意工作表的标签即可。用鼠标右键单击任一工作表标签,从弹出的快捷菜单中选择"取消成组命令",也可以取消工作组。

2. 重命名工作表

默认的工作表名称为类似于 sheet1、sheet2 之类的字母和数字的组合,为了使得工作表名称便于记忆,可以将工作表重新命名,其方法如下:

① 双击要重新命名的工作表标签,该工作表标签呈高亮显示,此时工作表标签处于编辑状态。在标签处输入新工作表名称,单击除该标签以外工作表的任一处或按回车键结束编辑。

② 单击要重新命名的工作表标签,在"开始"面板的"单元格"选项板中单击"格式"按钮右侧的下拉按钮,在弹出的下拉列表中选择"重命名工作表"选项。

③ 右击需要重新命名的工作标签,从弹出的快捷菜单中选择"重命名"命令可以重命名工作表。

3. 移动或复制工作表

工作表可以在同一工作簿或者不同工作簿之间进行移动和复制。在同一个工作簿中,直接按住左键拖动要移动的工作表标签,在到达新的位置后释放鼠标左键,就可以实现移动操作。而如果在拖动工作表标签的同时按住【Ctrl】键,并且在到达新位置后先释放鼠标左键,再释放【Ctrl】键,则实现复制操作。

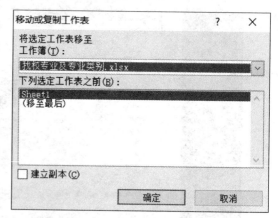

如果是在不同工作簿中移动或复制工作表,则需要按照如下步骤操作:

① 打开需要移动或复制到的目的工作簿。

图 4.1.7 "移动或复制工作表"对话框

② 在需要移动或复制的工作表标签上点击右键,在弹出的快捷菜单中选择"移动或复制"命令,或者在"开始"面板的"单元格"选项板中单击"格式"按钮右侧下拉按钮的下拉列表中选择"移动或复制工作表"选项,均可以打开"移动或复制工作表"对话框。

③ 在"将选定工作表移至工作簿"下拉列表框中选取所需要复制或者移动到的目的工作簿,如果需要新建工作簿,则可以选择"新工作簿"。在"下列选定工作表之前"对话框中,

可以选择在目的工作簿中工作表所存放的具体位置。

④ 如果是复制操作,则选中。如不选中"建立副本"复选框,则所执行的是移动操作。

4. 插入或者删除工作表

如需要在现有工作簿中插入新的工作表,有以下方法:

① 单击工作表标签右侧的"插入工作表"按钮,或者按【Shift+F11】的组合键,可以在现有工作表之后增加新工作表。

② 选定当前活动工作表(新工作表将插入在该工作表前面),在"开始"面板的"单元格"选项板中,单击"插入"按钮右侧的下拉按钮,在弹出的下拉列表中选择"插入工作表"选项。

③ 选定当前活动工作表,右击该工作表标签,从弹出的快捷菜单中选择"插入",打开"插入"对话框,根据需要选择合适的工作表模板,单击"确定"按钮。

如果需要删除多余的工作表,有以下方法:

① 右击工作表标签,从弹出的快捷菜单中选择"删除",弹出提示对话框,确认后单击"删除"按钮。

② 选定当前活动工作表,在"开始"面板的"单元格"选项板中,单击"删除"按钮右侧的下拉按钮,在弹出的下拉列表中选择"删除工作表"选项,弹出提示对话框,确认后单击"删除"按钮。

需要注意的是工作簿中至少有一个工作表,并且所删除的工作表不可以通过撤销命令来恢复。

四、单元格、行和列常见操作

工作表中主要是对单元格、单元格区域、行和列进行编辑,主要包括选定、插入、删除、合并、拆分、显示和隐藏等操作。

(一) 选定单元格(区域)、行(列)

对单元格、行(列)需要进行编辑,需要先将其选定为活动单元格、活动行(列)。选定操作可以使用鼠标或快捷键来进行。

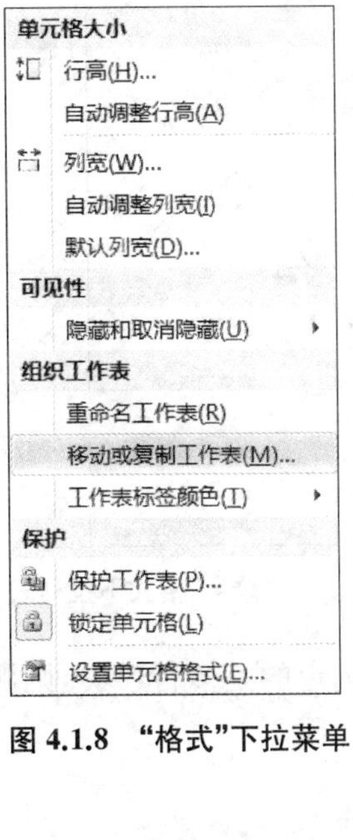

图 4.1.8　"格式"下拉菜单

1. 选定单元格

直接使用鼠标单击该单元格

2. 选定单元格区域

如果是需要选定连续单元格所组成的区域,使用鼠标直接从需选定的区域左上角拖动到其右下角。或者鼠标单击区域左上角单元格后,按下 Shift 键不放再单击区域右下角单元格。

如果是需要选定多个不连续单元格或单元格区域,则按住【Ctrl】键不放,鼠标依次选定需要选定的单元格或单元格区域。

3. 选定行(列)

选定一行(列),直接使用鼠标单击对应的行号(列标)即可。

如果是选定多个相邻的行(列),则可以使用鼠标直接在行号(列标)上进行拖动来直接选定。也可以先选定一行(列),然后按下【Shift】键不放再选择另一行(列),两行(列)之间的单元格区域均被选中。

如果需要选定不相邻的行(列),则可以先选定一行(列),按下【Ctrl】键不放再依次选定其余行(列),则所选的行(列)单元格区域均被选中。

如需要取消已经选中的单元格、行(列),则按下【Ctrl】键选定已经选中的单元格、行(列)即可。

(二) 插入单元格(区域)、行(列)

在工作表中如果需要添加新单元格(区域)、行(列)来承载新的数据,则需要插入单元格、行(列)。

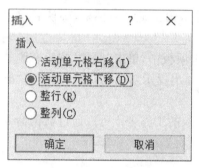

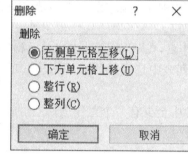

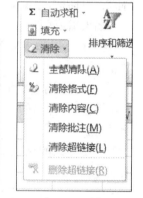

图 4.1.9 "插入单元格"对话框　　图 4.1.10 "删除单元格"对话框　　图 4.1.11 清除下拉列表

插入单元格(区域)、行(列)可以先选定一个单元格(区域)为活动单元格,单击鼠标右键,在弹出的快捷菜单中选择"插入"选项,弹出"插入"对话框,选择对应选项,则可以插入单元格(区域)或者行(列)。

如果选定了一行(列)后右键点击选定的行号(列标),在弹出的快捷菜单中选择"插入",则可在当前行(列)前面直接插入一行(列),如果选定的是多行(列),则插入的是多行(列)。

(三) 删除单元格(区域)、行(列)

在工作表中如果不需要单元格(区域)、行(列),可以删除单元格(区域)、行(列)。

删除单元格(区域)、行(列)可以先选定需要删除的单元格(区域)为活动单元格,单击鼠标右键,在弹出的快捷菜单中选择"删除"选项,弹出"删除"对话框,选择对应选项,则可以删除单元格(区域)或者行(列)。

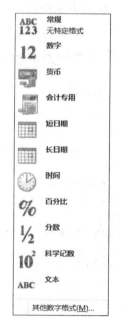

图 4.1.12 "数字"格式下拉列表

如果选定了一行(列)后右键点击选定的行号(列标),在弹出的快捷菜单中选择"删除",则直接删除选定的行(列),如果选定的是多行(列),则删除的是多行(列)。

（四）清除单元格（区域）、行（列）内的数据

删除操作会改变工作表的结构，如果只是需要清除单元格（区域）、行（列）内的数据或格式等，而不需要改变工作表结构，则可以选择清除操作。

选定需要清除的单元格（区域）、行（列）后，在"开始"选项卡"编辑"选项组中选择"清除"，然后选择对应的选项即可。

如果只是需要清除单元格内容，也可以选定需要清除的单元格（区域）、行（列）后，直接按【Delete】键，或者点击右键，在弹出菜单中选择"清除内容"选项即可。

（五）隐藏或显示行（列）

在工作表中有时需要隐藏部分行（列），只需要在选定需要隐藏的行（列）后，点击右键，在弹出菜单中选择"隐藏"选项，或者在"开始"选项卡"单元格"选项组中选择"格式"按钮，选择"隐藏或取消隐藏"后在级联菜单中选择"隐藏行（列）"。

要让已经隐藏的行（列）重新显示，则需要先选定已经隐藏的行（列）两侧的行（列）组成的区域，然后点击右键，在弹出菜单中选择"取消隐藏"选项，或者在"开始"选项卡"单元格"选项组中选择"格式"按钮，选择"隐藏或取消隐藏"后在级联菜单中选择"取消隐藏行（列）"。

五、数据输入

单元格中可以输入常量和公式两种类型的数据，其中常量是指没有以"="开头的数据，包括文本、数值、日期、时间等。可以在单元格中直接输入，也可以在"编辑栏"中输入，输入完成后按【Enter】键或【Tab】键确认输入，按【Esc】键取消输入。

（一）文本型数据

文本型数据也就是字符串，默认左对齐，一般直接通过键盘输入即可，但如果是完全由数字组成的文本型数据，如学号、身份证号码、邮政编码等，须在录入的数字前加一个英文单引号'。如在录入学号时，可以输入"'191003201"，或者录入前在"开始"选项卡"数字"选项组中"数字格式"下拉列表中选择"文本"，然后再录入数字。

（二）数值型数据

Excel 中将数值、日期、时间等均被看作是数值型数据，其默认右对齐。数值型数据一般直接输入，包括 0~9、正负号、百分号等，但是在数据过程中仍需要注意：

1. 负数

负数在输入时可以输入−3，也可以输入（−3）。

2. 分数

在输入类似 1/4 的分数时，应该先输入"0"，再输入一个空格，最后输入"1/4"。

3. 日期

日期有多种格式，比如 2020 年 3 月 1 日，可以输入 2020/3/1、2020−3−1 等。在输入过程中按【Ctrl+;】快捷键可以直接录入当天日期。

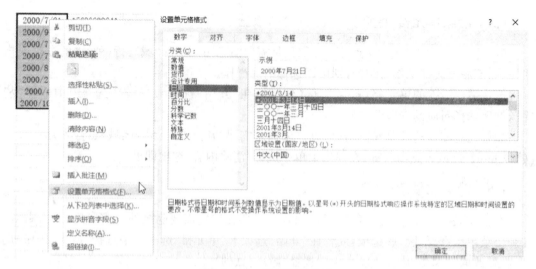

图 4.1.13 日期格式设置

如在输入出生日期时,可以先输入格式如"2000/7/12",中间用"/"分隔,然后点击鼠标右键,弹出快捷菜单,选择"单元格格式",在"数字"选项卡中,"分类"选择"日期","类型"选择"＊2001 年 3 月 14 日",点击"确定"按钮,然后适当调整 E 列行宽,让 E2:E10 单元格能显示完整日期内容,而不是"＃＃＃＃＃＃＃"。

	A	B	C	D	E	F
1	汽车营销191班同学基本信息表					
2	学号	姓名	性别	籍贯	出生日期	手机号码
3	191003201	卜亚兰	女	江苏省淮安市	########	15636609641
4	191003202	陈江江	女	江苏省徐州市	########	15712171086
5	191003203	陈亚南	女	四川省广安市	########	18837715156
6	191003204	刘姝凡	女	安徽省安庆市	########	13737019592
7	191003205	路瑞	女	四川省达州市	########	18814044132
8	191003206	唐宇	女	广西省贵港市	########	15345713961
9	191003207	杜天慈	男	贵州省铜仁市	########	13044037580
10	191003210	杨尚	男	广西省柳州市	########	13871684085

图 4.1.14 "＃＃＃＃＃"错误信息

4. 时间

时间有多种格式,比如 21:30,可以输入 21:30、9:30 PM、21 点 30 分。在输入过程中按【Ctrl+Shift+;】快捷键可以直接录入当前时间。

5. 快速录入

在输入过程中,如果需要在一个单元格区域内同时录入相同的内容,则先选定单元格区域,然后输入内容,最后按【Ctrl+Enter】的快捷键即可。

6. 数据验证

如果在输入过程中,需要对输入的数据的格式、类型、长度等做限制,保证数据在有效范围内,可以进行数据有效性设置。在选定单元格(区域)后,在"数据"选项卡"数据工具"选项组中选择"数据验证"按钮,在"数据验证"对话框中进行相关设置即可。

如为提高手机号码录入准确度,选中 F3:F10 单元格,选择"数据"选项卡,选择"数据有效性",设置"验证条件"中"允许"为"文本长度""数据"为"等于""长度"为"11",如图 4.1.15 所示。这样就保证了手机号码只能输入 11 位数字。

图 4.1.15 "数据验证"对话框

六、单元格编辑

在 Excel 使用过程中,可以对单元格进行编辑和处理,包括修改数据、移动或复制、查找替换等,也可以对表格进行格式设置,使其更加美化。

(一) 修改数据

如果需要修改已经输入的内容,可以直接双击单元格直接修改输入的内容,也可以选定该单元格按【F2】键,或者在编辑框中修改单元格内容并确认。

(二) 复制和移动数据

需要将单元格中内容复制或者移动到其他单元格,有以下办法:

1. 使用鼠标拖动

选定单元格(区域)后,将鼠标移动到所选区域的边框,然后按住鼠标将数据拖动到目标位置,则完成了移动操作。如果在拖动过程中按下【Ctrl】键,则完成了复制操作。

2. 使用剪贴板

选定单元格(区域)后,在"开始"选项卡"剪贴板"选项组中选择"复制"按钮或"移动"按钮,然后选定目标单元格或目标区域左上角单元格,在"开始"选项卡"剪贴板"选项组中选择"粘贴"按钮,即可完成相应操作。也可以使用快捷键组合来帮助完成操作,其中【Ctrl+C】【Ctrl+X】和【Ctrl+V】分别代表复制、剪切和粘贴操作。

(三) 查找和替换

在 Excel 中可以通过查找和替换操作来找到和替换指定的内容,其方法如下:

① 选定单元格区域,不选定则默认为当前工作表,然后在"开始"选项卡"编辑"选项组

中选择"查找和选择"按钮,在弹出的下拉菜单中选择"查找"或者"替换",打开"查找和替换"对话框,根据需要选择"查找"或者"替换"标签。两个选项卡基本详细,如果需要对查找和替换有更多的要求,可以点击"选项"按钮,展开对话框。

②　如果是查找,在"查找内容"下拉列表中输入或者选择要查找的内容,并确定查找范围、格式要求等,点击"查找全部"则会将所有结果显示在对话框下部的列表中。

③　如果是替换,则在"查找内容"和"替换为"下拉列表输入或者选择要查找的内容,并确定查找范围、格式要求后,点击"全部替换"会全部替换符合条件的内容。如果在替换过程中需要仔细查看是否需要替换,则可以通过"查找下一个""替换"两个按钮交替运用来逐一检查并确认是否需要替换。

图 4.1.16　"查找"对话框

图 4.1.17　"替换"对话框

(四) 数字格式设置

数值型数据完成录入后,可以在不影响实际数值大小的前提下进一步调整数据的格式,变更显示形式。如增加小数位数,变更为百分比形式显示,改变日期显示格式等。

图 4.1.18　"设置单元格格式"对话框

在"开始"选项卡"数字"选项组中提供了部分设置功能,其中"数字格式"下拉框可以设置数字、日期和时间等常用格式设置,"货币""百分号""千位分隔符""增加小数位数"和"减小小数位数"可以将数值型数据设置为对应的格式。

如果需要详细设置,也可以选定要设置的单元格(区域)后,点击右键,在弹出菜单中选择"设置单元格格式"选项,打开"设置单元格格式"对话框,选择"数字"选项卡,在"分类"列表框中选择对应的"数值"选项,然后在其右边进行具体设置,可以参考"示例"中的内容来查看是否满足要求。

如果在设置了数字格式之后,原有的列宽没办法全部显示,则会显示为"＃＃＃＃＃"。只需要适当调整单元格的列宽,就可以使数据显示恢复正常。

(五) 设置字体格式和文本对齐方式

在 Excel 中要设置字体格式与 Word 中基本类似,选定单元格区域后,在"开始"选项卡

"字体"选项组中,可以通过"字体""字号"下拉列表和"B""I"等按钮完成快速设置。如设置 A1 单元格字体,则先选中 A1 单元格,单击"字体"下拉列表框右侧的箭头按钮,在弹出的下拉列表框中选择"隶书",将"字号"下拉列表框设置为"18"。

也可以在"设置单元格格式"对话框中,选择"字体"选项卡,对字体、字形、字号、颜色等进行详细设置。

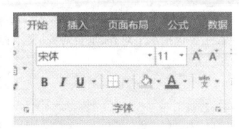

图 4.1.19　"字体"选项组

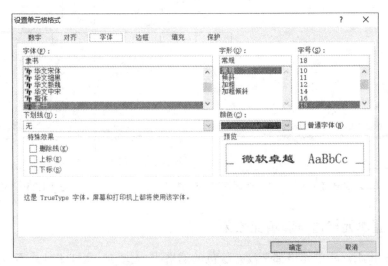

图 4.1.20　"设置单元格格式"对话框

默认单元格文本型数据左对齐、数值型数据右对齐,如果需要修改,则可以在"开始"选项卡"对齐方式"选项组中选择具体按钮来设置水平或垂直方向具体的对齐方式,"自动换行"按钮可以使文本型数据在超过单元格宽度时自动换行显示,"合并后居中"按钮可以将多个单元格区域合并为一个单元格并将数据居中显示。合并后的单元格名称为原单元格区域左上角单元格名称,其内容为也为原单元格区域左上角单元格中的内容,其余单元格如有内容会被自动删除掉。如果需要取消合并的单元格,则选定合并后的单元格,然后选择"合并后居中"右边的向下箭头选择"取消合并单元格"即可。

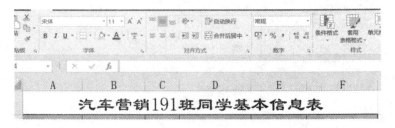

图 4.1.21　合并及居中

如要在 A1:F1 单元格合并,则选中 A1:F1 单元格,在"开始"选项卡中,选择"对齐方式"中的"合并后居中"按钮,使标题行居中显示。

在"设置单元格格式"对话框中,选择"对齐"选项卡,也可以进行单元格对齐方式的设置,主要包括水平对齐、垂直对齐、文本控制、方向等内容的设置。

图 4.1.22 "设置单元格格式"对话框"对齐"选项卡　　　图 4.1.23 "边框"下拉列表

(六) 设置单元格边框和填充效果

默认情况下,Excel 单元格都是没有颜色的网格线,无填充,在打印时并不显示。为了能更加清楚地显示表格内容,可以进行边框和填充效果的设置。

1. 边框设置

选定需要设置的单元格区域,在"开始"选项卡中的"字体"选项组选择"边框"按钮,点击其右侧下拉菜单可以按照预定的边框式样进行设置。

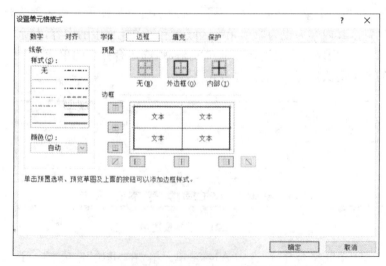

图 4.1.24 "设置单元格格式"对话框"边框"选项卡

　　如需要设置表格边框,先选定单元格区域,在"开始"选项卡中,选择"字体"中的"边框"按钮,在弹出的下拉列表中选择"所有框线",然后再选择一次"边框"按钮,在弹出的下拉列表中选择"粗外侧框线",就可以设置表格外框线为最粗单线,内框线为最细单线。

　　如果还需要对单元格边框进行进一步设置,可以打开"设置单元格格式"对话框,选择"边框"选项卡,在"样式"中选择具体线型,在"颜色"中选择需要的边框颜色,然后可以在"预置"中为选定单元格区域的添加外边框、内边框,还可以在"边框"栏中逐一设置不同位置的边框线条。

　　2. 填充设置

　　选定需要设置的单元格区域,在"开始"选项卡中的"字体"选项组中选择"填充"按钮,点击其右侧下拉菜单设置需要填充的颜色。

　　也可以在"设置单元格格式"对话框中选择"填充"选项卡,设置填充背景色、填充效果、图案颜色和图案样式。

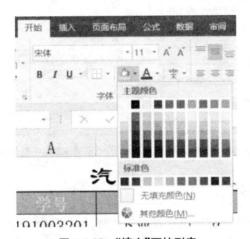

图4.1.25　"填充"下拉列表

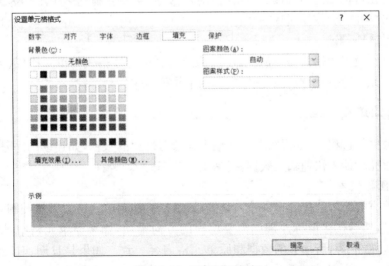

图4.1.26　"填充"对话框

（七）自动套用格式

Excel 预设了数据表的格式，允许使用者直接套用，起到快速美化表格的作用。在"开始"选项卡中的"样式"选项组中选择"套用表格格式"按钮，从弹出的下拉菜单中选择一种表格格式，在"套用表格式"对话框中，确认数据来源，格式就可以得到应用。

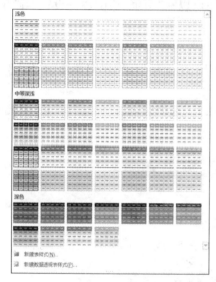

图 4.1.27　"自动套用格式"下拉列表

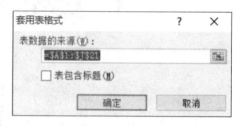

图 4.1.28　"套用表格式"对话框

（八）格式的复制和清除

在 Excel 中可以快速地将已经设置好的单元格格式复制到其他单元格上。选定已经设置好格式的单元格（区域），点击"开始"选项卡中的"剪贴板"选项组中的"格式刷"按钮，然后按住鼠标左键在目标单元格（区域）点击（拖动）。如果需要复制到多个不相邻的单元格（区域），则须双击"格式刷"按钮后逐一在目标单元格（区域）中完成点击（拖动）后再单击"格式刷"按钮或者按【Esc】键。

如果对已经设置的格式需要清除，可以选定已经设置好格式的单元格（区域）后，在"开始"选项卡"单元格"选项组"清除"按钮右侧的下拉列表中选择"清除格式"。

（九）自动填充

在输入数据的过程中，如果需要快速输入大量有规律的数据，如连续的序号、日期等，可以使用自动填充功能来快速输入数据，提高工作效率。

1. 使用鼠标填充

在需要填充的第一个单元格中输入数据后，鼠标移动到单元格右下角控制句柄处，变为黑色实心"＋"，然后按住鼠标左键向需要填充的方向拖动，如果原单元格中是数值或纯文本，如"1""2""你好"等，所填充的数据和原单元格内容一致。如果是日期、时间或者类似于"0910101""A12"之类的文本型序号，则会进行递增式填充。

比如在学号输入中，因为学号是基本递增的，则可以在输入学号"191003201"后，鼠标指针移到单元格 A3 的右下角,当出现控制句柄"＋"时,单击并拖动鼠标至 A12 单元格,完成学号的自动填充。然后删除其中不需要的学号即可完成快速输入。

图 4.1.29　自动填充

如果在两个相邻的单元格中分别输入不同的数据,如 1、3,选定两个单元格所组成的区域后进行填充,则会自动按照等差序列的形式进行填充。

2. 使用快捷菜单

在鼠标填充过程中,改为按住鼠标右键进行拖动,在完成拖动松开鼠标右键时会弹出快捷菜单,选择对应的选项,可以实现对应的填充效果。其中如果日期填充时可以选择不同的填充方式,如"以天数填充""以工作日填充"等,方便不同环境下的应用。

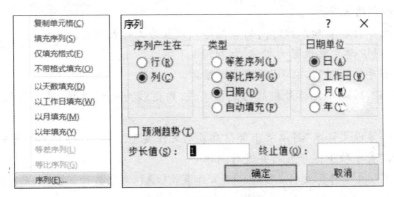

图 4.1.30　"序列"对话框

选择快捷菜单最下方的"序列"选项可以打开"序列"对话框,可以进一步设置不同的填充类型、日期单位,并且可以通过"步长值"来设定每个填充数据之间的公差或公比,通过设置"终止值"来限定填充数据的结束值。

 **任务拓展**

(1) 录入"科以上干部情况表",并进行编辑

① 新建 Excel 工作簿文件,在 sheet1 工作表,从 A1 单元格开始输入以下表格,包含表格列标题。

序号	部门	姓名	性别	职务	出生年月	参加工作时间	住址
1	一处	王虎强	男	处长	43-4-1	63-6-1	机关 405 室
2	二处	周洁洁	女	处长	56-10-1	78-12-1	汉口中路 201 号
3	二处	张敏	女	副处长	54-9-1	70-1-1	广东大道 1204 号
4	一处	李鲁琳	女	副处长	48-7-1	68-9-1	机关 221 室
5	一处	张小库	男	副处长	53-12-1	74-2-1	新竺路 123 号
6	一处	林多多	女	科长	43-7-1	64-1-1	中山路 213 号
7	一处	顾小军	男	科长	43-7-1	62-12-1	机关 401 室
10	二处	章大春	男	科长	43-7-1	75-12-1	湖南路 201 号
12	二处	凌秋云	女	科长	61-3-1	85-1-1	群众西路 21 号
13	一处	王京生	男	副科长	48-12-1	72-1-1	机关 211 室
14	二处	王珊	女	副科长	64-2-1	83-10-1	机关 209 室

② 在第 1 行前插入 1 行,在 A1 单元格输入"科以上干部情况表"。

③ 将 A1 单元格在 A1:A8 单元格中合并及居中,黑体,加粗,20 号字。

④ 将第 3 条记录的住址修改为"四川北路 750 号"。

⑤ 在第 6 条记录之前插入一条新的记录"5,三处,冯明,男,副科长,1950-4-12,1969-4-1,西藏路 827 号"。

⑥ 将出生年月和参加工作时间的日期格式设置为工作表所示。

⑦ 将 A2:H2 单元格设置为楷体,加粗,16 号字。

⑧ 将所有序号按照"1,2,…"顺序重新编排。

⑨ 设置 A2:H14 单元格外框线为最粗单线,内框线为最细单线,第一条记录上边线为红色双线。

⑩ 将工作簿以文件名"科以上干部信息表",文件类型.xlsx,保存到文件夹中。

(2) 录入"青年歌手得分表",并进行编辑

① 新建 Excel 工作簿文件,在 sheet1 工作表,从 A1 单元格开始输入以下表格,包含表格列标题。

歌手编号	1 号评委	2 号评委	3 号评委	4 号评委	5 号评委	6 号评委
1	9.00	8.80	8.90	8.40	8.20	8.90
2	5.80	6.80	5.90	6.00	6.90	6.40

歌手编号	1号评委	2号评委	3号评委	4号评委	5号评委	6号评委
3	8.00	7.50	7.30	7.40	7.90	8.00
4	8.60	8.20	8.90	9.00	7.90	8.50
5	8.20	8.10	8.80	8.90	8.40	8.50
6	8.00	7.60	7.80	7.50	7.90	8.00
7	9.00	9.20	8.50	8.70	8.90	9.10
8	9.60	9.50	9.40	8.90	8.80	9.50
9	9.20	9.00	8.70	8.30	9.00	9.10
10	8.80	8.60	8.90	8.80	9.00	8.40

② 将工作表标签重命名为"青年歌手得分表"。

③ 将歌手编号用"001、002、…"来表示。

④ 所有成绩设置为2位小数显示。

⑤ 设置第一行标题为楷体、16号字。其余各行为宋体,14号字。

⑥ 设置所有行高为30,列宽为15。

⑦ 设置所有单元格内容水平、垂直均居中。

⑧ 所有单元格添加最细单实线为表格线。

⑨ 将工作簿以文件名"歌手得分统计表",文件类型.xlsx,保存到文件夹中。

任务二　统计与分析学生成绩

任务描述

　　新学期开学后,班主任让班长小刘来计算班级同学上学期的综合测评排名,为后续奖学金评定等提供依据,并将文件名以"学生总评"来保存。

　　① 根据班主任提供的"191学期学生成绩",计算每门课的最高分、最低分和平均分,按照学分统计所有学生的总评成绩和不同分数段的成绩分布,并标注具体不及格课程。

　　② 将总评成绩作为智育成绩和班主任已经统计好的德育、体育、劳育成绩来按比例经计算综合得分。

　　③ 根据综合得分给出每个同学的排名。

　　小刘借助 Excel 中的公式和函数功能,对数据进行了快速计算,很快就得出了具体结果效果如图 4.2.1 所示。

	A	B	C	D	E	F	G	H
1	学号	姓名	机械制图	心理健康	思修	高数	大学英语	总评成绩
2	191003201	卜亚兰	90	86	79	76	83	81.86
3	191003202	陈江江	87	80	83	42	77	70.64
4	191003203	陈亚南	28	71	68	62	81	60.71
5	191003204	刘姝凡	88	86	86	96	94	91.00
6	191003205	路瑞	66	82	79	36	39	55.57
7	191003206	唐宇	60	80	79	29	73	59.43
8	191003207	杜天慧	88	79	81	84	69	80.64
9	191003210	杨尚	61	80	73	60	41	60.36
10	最高分		90	86	86	96	94	
11	最低分		28	71	68	29	39	
12	平均分		71	80.5	78.5	60.625	69.625	
13								
14								
15								
16								
17	课程名称	学分			总评分数分布统计			
18	机械制图	3			90分以上	1		
19	心理健康	1			80-90分	2		
20	思修	3			70-80分	1		
21	高数	4			60-70分	2		
22	英语	3			60分以下	2		
23	学分合计	14						
24								

图 4.2.1　学生总评成绩效果图

	A	B	C	D	E	F	G	H	I
1	学号	姓名	德育	智育	体育	劳育	转换后劳育成绩	综合成绩	排名
2	191003201	卜亚兰	95	81.86	77	优	95	85.31	2
3	191003202	陈江江	91	70.64	86	良	85	77.69	5
4	191003203	陈亚南	92	60.71	87	优	95	73.03	6
5	191003204	刘姝凡	97	91.00	81	中	75	89.60	1
6	191003205	路瑞	91	80.79	70	良	85	82.17	4
7	191003206	唐宇	94	53.00	78	良	85	66.90	8
8	191003207	杜天慧	93	80.64	80	优	95	84.49	3
9	191003210	杨尚	97	60.36	76	优	95	72.71	7

图 4.2.2　学生综合成绩效果图

任务目标

☞ 掌握 Excel 中公式和函数的基本运用；

☞ 掌握 Excel 中单元格引用的使用；

☞ 掌握 Excel 中条件格式的运用；

☞ 掌握 Word、Excel 之间数据交换的方法。

任务内容

① 打开"191 学生学习成绩.xlsx"。

② 选定"学习成绩"工作表，将所有不及格成绩字体设置为红色、加粗、倾斜。

③ 在 A10：A12 单元格中分别输入最高分、最低分和平均分，并分别设置其在 A10：B10、A11：B11、A12：B12 单元格区域中合并并居中显示。

④ 在 C10：G12 单元格区域中计算每门功课的最高分、最低分和平均分。在 B23 单元格中计算学分合计值。

⑤ 在 H2：H9 单元格区域中计算每个学生的总评成绩，计算公式方法是每门课程成绩与学分乘积之和除以学分之和。

⑥ 在 F18：F22 单元格区域中统计每个分数段学生总评成绩的分布。

⑦ 设置 A1：H2 单元格内外框线为最细单线。

⑧ 将"学习成绩"中学生总评成绩复制到工作表"学生综合测评成绩"的智育成绩列中。

⑨ 在 G1 单元格中输入"转换后劳育成绩"，在 G2：G9 单元格中将五级制劳育成绩转换为百分制成绩，转换规则是优—95 分，良—85 分，中—75 分，及格—60 分，不及格——50。

⑩ 在 H1 单元格中输入"综合成绩"，在 H2：H9 单元格中计算每个学生的综合成绩，计算方法为德育占 20％，智育占 60％，体育占 10％，劳育占 10％。

⑪ 在 I1 单元格中输入"排名"，在 I2：I9 单元格中输入每个同学总评成绩的排名。

⑫ 设置 A1：I9 单元格均居中显示，内外框线为最细单线。

⑬ 将文件以文件名"学生总评.xlsx"保存到当前目录中。

任务知识

Excel 作为表格软件，一个核心特点和功能就是在于可以通过公式和丰富的函数来对数据进行计算，并且这些计算是可以通过引用单元格的办法来关联数据源，当数据源发生变化，计算结果也会自动更新。

一、条件格式

条件格式可以使单元格在满足一定条件时显示指定的格式。在选定需要设置的单元格区域后在"开始"选项卡的"样式"选项组中单击"条件格式"，从下拉菜单中选择设置条件的方式。

"突出显示单元格规则"为根据单元格中值的大小、包含的内容来设置格式；"项目选取规则"可以根据多个单元格中值的关系来设置格式，比如可以将值最大的 10 个单元格设置不同的格式；"数据条"和"色阶"可以使用单元格填充颜色来表示单元格值的大小。

图 4.2.3 "条件格式"规则选取

如果默认条件还不能满足用户需求,可以对条件格式进行自定义设置,选择"新建规则",打开"新建格式规则"对话框。

如需要设置不及格学生成绩为红色、倾斜、加粗,可以选择"只为包含以下内容的单元格设置格式",在"编辑规则说明"中将条件下拉列表框设置为"小于"并在后面的数据框中输入数字 60,接着点击"格式"按钮,打开"设置单元格格式"对话框,将"字形"设置为"加粗倾斜",颜色设置为"标准色-红色",最后确定即可。

图 4.2.4 "新建格式规则"对话框   **图 4.2.5** 条件格式下"设置单元格格式"对话框

二、公式

公式是在单元格中进行数据计算的等式,在 Excel 中,一切公式均以"="开头,后面包含由运算数和运算符所组成的表达式,其中运算数可以为常量、单元格区域引用、函数等。在输入完成后,按【Enter】键确认,公式会自动计算结果。比如在 A1 单元格中输入"=20+

100"，则 A1 单元格会自动计算结果为 120，并且将结果显示在单元格中，而编辑框中则显示具体公式内容。

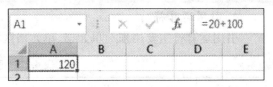

因此，如果需要编辑已经输入的公式，可以在编辑框中进行修改。

图 4.2.6 公式引用

（一）运算符

公式中所有运算数都是通过运算符来连接。在 Excel 中有四类运算符：算术运算符、文字运算符、比较运算符和引用运算符。

1. 算术运算符

算术运算符主要用于对数值进行四则运算，具体如表 4.2.1 所示。

表 4.2.1 算术运算符

运算符	操作类型	举例	运算结果
＋	加法	＝20＋210	230
－	减法	＝20－200	－180
*	乘法	＝3*8	24
/	除法	＝5/2	2.5
%	百分数	＝3%	0.03
^	乘方	＝10^2	100

2. 比较运算符

比较运算符可以用于两个数字或文本之间进行比较，其结果为一个布尔值，TRUE 表示比较结果成立，FALSE 表示比较结果不成立。比如"2>1"的结果为 TRUE，"2>3"的结果为 FALSE。Excel 中的比较运算符具体如表 4.2.2 所示。

表 4.2.2 比较运算符

运算符	说明
＝	等于
＜	小于
＞	大于
<=	小于等于
>=	大于等于
<>	不等于

3. 文本运算符

文本运算符"&"是用于将两个文本连接起来形成一个新的文本，比如"Hello,"&"World!"的结果为"Hello,World!"。

4. 引用运算符

引用运算符主要用来对单元格、单元格区域进行合并计算,具体如表 4.2.3 所示。

表 4.2.3 引用运算符

运算符	说明	举例	结果
:	用于单元格范围引用,连接单元格范围对角坐标	C2:E3	表示 C2,D2,E2,C3,D3,E3 单元格组成的矩形范围
,	用于并集引用,结果为两个单元格范围的并集	C3:E4,F3:F6	表示单元格范围 C3:E4 与单元格范围 F3:F6 之和
"空格"	用于交集引用,结果为两个单元格范围的交集	C3:E4 D2:D4	表示两个单元格区域的重叠范围 D3:D4

在公式中如果有多个运算符,则按照表 4.2.4 的优先级顺序来进行计算,如果相同优先级的运算,则按照从左到右的顺序进行。如需要更改公式中部分内谷的计算顺序,可以使用圆括号"()",多个圆括号可以互相嵌套。

表 4.2.4 运算符优先级

优先顺序	运算符号	说明
1	:	单元格范围
2	空格	范围的交
3	,	范围的并
4	—	负 号
5	%	百分比
6	^	指 数
7	* /	乘 除
8	+ −	加 减
9	&	连接字符串
10	= <> > >= < <=	比 较

三、单元格引用

在公式中,引用单元格地址来表示单元格中的内容可以很方便地在公式和函数中快速计算得到结果。如在 B23 单元格中的公式为"= B18 + B19 + B20 + B21 + B22",其结果为 B18:B22 单元格中所有数值的合计。

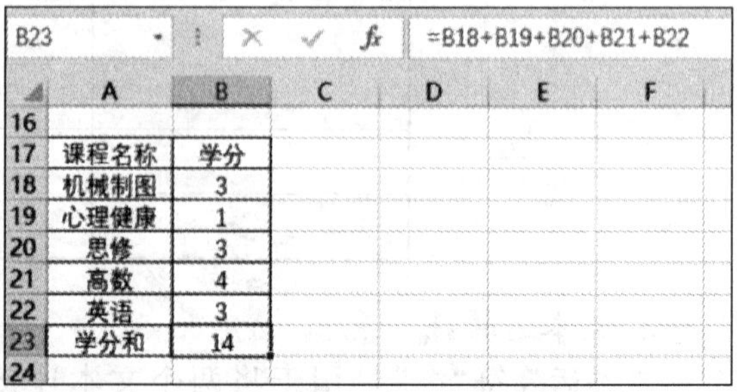

单元格地址的引用方式根据在复制公式时是否发生变化分为 3 种。

图 4.2.7 公式计算

（一）相对引用

相对引用是指单元格地址在复制时会随着目标单元格的改变而对行号、列标自动进行调整。如 A3 单元格中公式为"＝A1＋A2"，当其复制到 B3 单元格时，因为目标单元格从 A 列转到 B 列，列号增加 1，因此 B3 单元格中的公式变为"＝B1＋B2"。

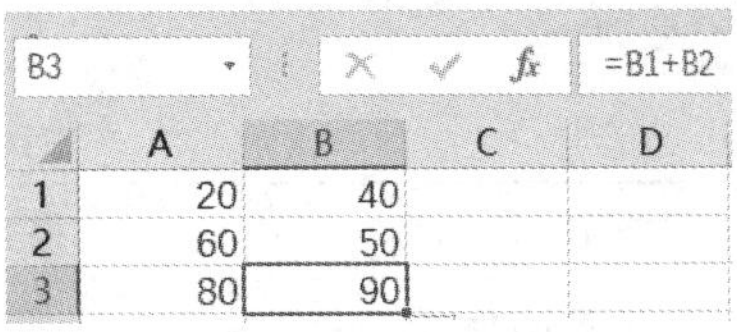

图 4.2.8 相对引用

（二）绝对引用

绝对引用是指单元格地址在复制时不随着目标单元格的改变而改变。其表示方式为在列标和行号前都加上符号"＄"，形如"＄B＄2"。

如在本任务中求总评成绩时，因为每门课的学分所在单元格是固定的，因此在公式中每门课程学生所在单元格必须采用绝对引用。如 H2 单元格中的公式为"＝(C2＊＄B＄18＋D2＊＄B＄19＋E2＊＄B＄20＋F2＊＄B＄21＋G2＊＄B＄22)/＄B＄23"，将其采用自动填充的方法复制到 H3：H9 单元格中，绝对引用的单元格不改变，如 H9 单元格中的公式为"＝(C9＊＄B＄18＋D9＊＄B＄19＋E9＊＄B＄20＋F9＊＄B＄21＋G9＊＄B＄22)/＄B＄23"。

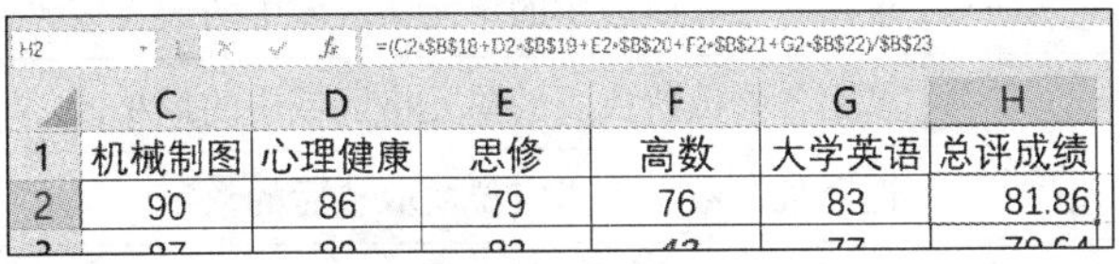

图 4.2.9 绝对引用

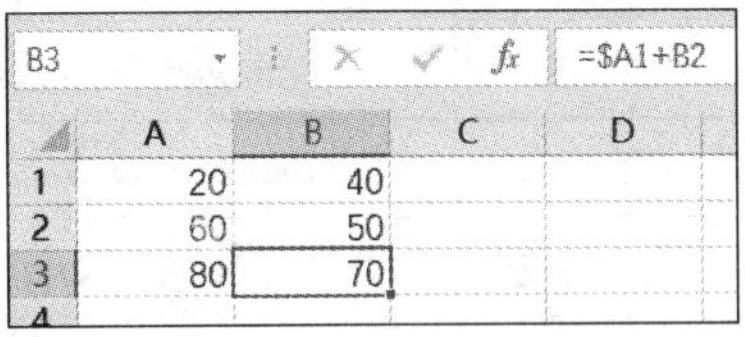

图 4.2.10 混合引用

（三）混合引用

如果在单元格引用中只有行号或者列标的其中一个前面加上了"＄"符号则称为混合引用。如"＄B3""B＄3"。混合引用中当公式被复制时，加上"＄"的行号或列标不会改变，而没有加上的行号或列标会随着目标单元格行号或列标的变化而自动调整。如 A3 单元格中公式为"＝＄A1＋A2"，当其复制到 B3 单元格时，因为目标单元格从 A 列转到 B 列，列号增加 1，公式原本应变为"＝B1＋B2"，但是因为公式中引用 A1 单元格时列标 A 前加上了"＄"符号，因此列标不改变，最后公式变为了"＝＄A1＋B2"。

（四）引用非本工作表的单元格

上述三种引用方法均在同一个工作表中完成，如果需要引用非本工作表的单元格地址，则直接在引用地址之前加入工作表名称并用"！"与单元格引用隔开。如"Sheet1！A1"表示引用了"Sheet1"工作表中的 A1 单元格。

四、函数

函数是在 Excel 中按照特定的语法来进行计算的表达式。函数由函数名、参数、括号构成；函数的一般格式为：函数名(参数)，如有多个参数，各参数之间以逗号相隔。参数应符合函数的规定，可以为数字、文本、逻辑值、单元格引用等，也可以为其他函数。

（一）常用函数

Excel 提供了 11 类数百种函数：常用函数、日期与时间函数、数学函数、统计函数、逻辑函数等。

表 4.2.5　常用函数

函数名	格式	功能
取整函数	INT(x)	只取数 x 的整数部分，舍弃小数部分。
求余数函数	MOD(x,y)	得到 x/y 的余数。
求平方根函数	SQRT(x)	求 x 的平方根。
随机函数	RAND()	得到 0～1 之间的随机数。
求和函数	SUM(number1,number2)	求指定范围内数值之和。
求平均值函数	AVERAGE($number1,number2$)	求单元格区域数据的平均值。
计数函数	COUNT($number1,number2$)	求出数字参数和参数表示的单元格区域中包含的数值的单元格个数。
最大值函数	MAX($number1,number2$)	求出各参数所表示的单元格区域中的最大值。
最小值函数	MIN($number1,number2$)	求出各参数所代表的单元格区域中的最小值。
四舍五入函数	ROUND($number,num\_digits$)	返回某个数字按指定位数取整后的数字。
排名次函数	RANK($number,ref,order$)	求出一个数字在数字列表中的排位。数字的排位是其大小与列表中其他值的比值（如果列表已排过序，则数字的排位就是它当前的位置）。
逻辑函数	IF(条件判断式,条件为真时返回值,条件为假时返回值)	当条件判断式所得结果为"真"时返回第二个参数的值；为"假"时返回第三个参数的值。
条件计数函数	COUNTIF($range,criteria$)	计算区域中满足给定条件的单元格的个数。
条件求和函数	SUMIF($range,criteria,sum\_range$)	根据指定条件对若干单元格求和。

比如，求最高分则可以使用 MAX 函数，在 C10 单元格的公式为"＝MAX(C2:C9)"，表示 C10 单元格中为 C2 到 C9 单元格内容中的最大值；而学分和计算，也可以在 B23 单元格中输入"＝SUM(B18:B22)"，这样可以计算得到 B18:B22 单元格中内容的合计值。

（二）函数输入

函数输入在 Excel 中有多种方法。

1. 使用函数向导输入

在单元格中输入函数时，如果对函数不熟悉，可以使用函数向导来引导函数的输入。比如要在 F18 单元格中统计总评成绩 90 分以上的同学人数，可以先选定 F18 单元格，点击"公式"选项卡中的"插入函数"按钮，弹出"插入函数"对话框，在"或选择类别"下拉列表选择"统计"，在"选择函数"中找到 COUNTIF 函数，确定后打开"函数参数"对话框，在"Range"中选择单元格区域 H2：H9，在"Criteria"中输入"＞＝90"作为条件，确定后，在 F18 的编辑框中显示公式为"＝COUNTIF(H2：H9,"＞＝90")"。

图 4.2.11 "公式"选项卡

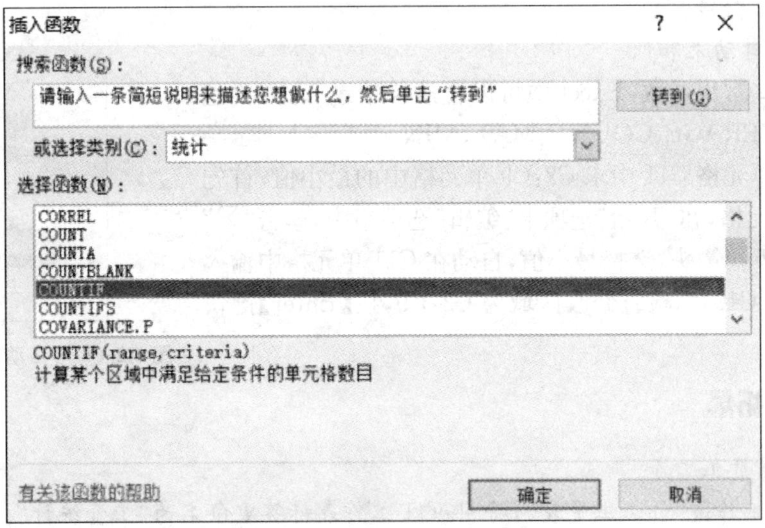

图 4.2.12 "插入函数"对话框

如果对该使用哪些函数不清楚，可以在"搜索函数"对话框中输入想解决的问题的简短描述，单击"转到"按钮后会给出使用哪些函数的建议。结合函数描述和使用帮助说明可以帮助使用者正确选用函数。

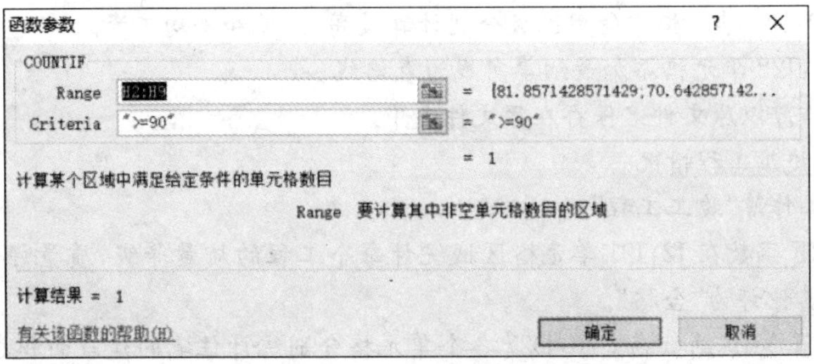

图 4.2.13 "函数参数"对话框

2. 手工输入

函数可以在编辑框中直接手工输入，比如求平均分使用 AVERAGE 函数，可以在 C12 单元格中直接输入"＝AVERAGE(C2：C9)"，就可以得到 C2 到 C9 单元格内容的平均值。

如果函数在公式中要参与四则运算,使用手动输入可以减少函数输入的复杂度,比如要统计总评成绩在 $80\sim90$ 分的学生人数,直接输入"=COUNTIF(H2:H9,">=80")—COUNTIF(H2:H9,">=90")",可以快速得到结果。

函数可以嵌套到函数中,作为另外一个函数的参数,使用手工输入可以提高函数输入速度。比如转换劳动教育成绩,在 G2 单元格中输入"=IF(F2="优",95,IF(F2="良",85,IF(F2="中",75,IF(F2="及格",60,50)))))"比逐一插入快速、简便很多。

但是需要注意的是,在手工输入函数时,所有的标点符号都必须是英文半角标点符号,不能使用中文符号。

3. 使用自动求和

对于一些常用函数,Excel 中可以直接快速录入,主要包括 SUM、AVERAGE、COUNT、MAX、MIN。

比如在单元格 C11 中求 C2:C9 单元格中的最小值,首先选定 C11 单元格,在"开始"选项卡"编辑"选项组中,单击"Σ"按钮右边的下拉箭头,选择最小值,自动在 C11 单元格中输入"=MIN(C2:C10)",检查修改区域为 C2:C9,按【Enter】键快速得到结果。

图 4.2.14 "自动求和"下拉列表

 任务拓展

(1) 计算员工工资

① 打开工作簿"员工工资表",将 sheet1 工作表标签重命名为"工资统计"。

② 使用条件格式,将所有基本工资>=2000 的数字颜色设置为"标准色-红色"。

③ 计算所有员工的奖金,奖金=销售额*0.05。

④ 计算所有员工的总工资,总工资=基本工资+奖金。

⑤ 将 A20 单元格内容在 A20:I20 单元格中合并及居中,A21 单元格内容在 A21:I21 单元格中合并及居中,A22 单元格内容在 A22:I22 单元格中合并及居中。

⑥ 在 J20:J22 单元格中使用函数分别计算最高、最低和平均工资。

⑦ 将 A1:I22 单元格添加最细单实线为表格线。

⑧ 将工作簿以原文件名保存在原文件夹中。

(2) 统计竣工工程情况

① 打开工作簿"竣工工程"。

② 使用 IF 函数在 I2:I21 单元格区域统计每个工程的质量等级,质量评分等级>=80 评为"优良",其他评为"合格"。

③ 使用 SUMIF 函数在 C26:D27 各个单元格分别统计住宅的建筑面积总和、工程造价总和。

④ 使用 COUNTIF 函数在 C31:C32 各个单元格分别统计工程类型为住宅、工程造价小于等于 200 万元的工程数量。

⑤ 将工作簿以原文件名保存在原文件夹中。

（3）计算歌手名次

① 打开工作簿"青年歌手得分"。

② 在 H2:H11 单元格中分别计算各位歌手的平均得分,计算规则是去掉一个最低分、去掉一个最高分,然后计算其他分数的平均分。结果保留 2 位小数。

③ 在 I2:I11 单元格区域中用 RANK 函数计算得到所有歌手的名次。

④ 在 A1:I11 单元格区域采用"标准色-蓝色"最细单实线为表格内外框线。

⑤ 将工作簿以原文件名保存在原文件夹中。

任务三 制作江苏省历年 GDP 统计图表

 任务描述

班长小刘在准备"改革开放四十周年成果主题展"的材料,她准备将苏浙沪地区改革开放四十年来的国民生产总值(GDP)的数据做一个布展材料。前期她已经从国家统计局网站下载整理了相关数据构成了 Excel 工作表。为更加形象直观地展示相关成绩,她用 Excel 的图表功能来将数据可视化。为此她使用柱形图展示了江苏、浙江、上海三地四十年来的GDP 统计图,又使用折线图制作了江苏改革开放四十年 GDP 变化趋势。

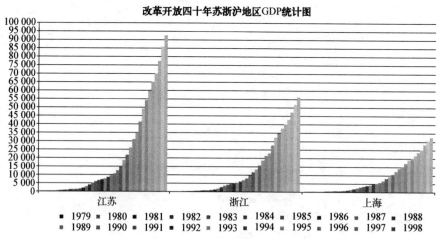

图 4.3.1 改革开放四十年苏浙沪地区 GDP 统计图

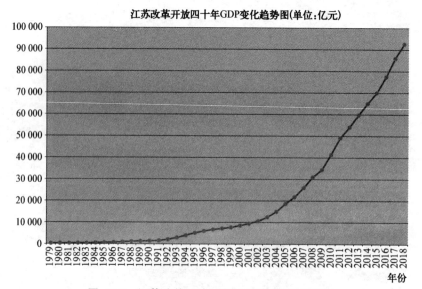

图 4.3.2 江苏改革开放四十年 GDP 变化趋势图

任务目标

☞ 掌握创建图表的方法；

☞ 掌握编辑图表的方法；

☞ 掌握美化图表的方法。

任务内容

① 打开"苏浙沪改革开放四十年 GDP.xlsx"工作簿，复制工作表"统计表"，并将新复制出来的工作表命名为"趋势图表"。

② 在工作表"统计表"中，以 A1:D41 单元格为数据源，建立"簇状柱形图"，系列产生在"行"，图表标题为"改革开放四十年苏浙沪地区 GDP 统计图"，主要刻度单位为 5,000，图例显示在底部。

③ 在工作表"趋势图表"中，以 A1:B41 单元格为数据源，建立"带数据标记的折线图"，图表标题为"江苏改革开放四十年 GDP 变化趋势图（单位：亿元）"，关闭图例，线条颜色为"标准色-红色"，数据点颜色为"标准色-蓝色"，横坐标轴字体设置为宋体，7 磅，横坐标标题为"年份"，绘图区背景填充为"标准色-橙色"。

 任务知识

Excel 提供了强大的图表功能，可以将选定区域的数据作为数据系列按照预先设定的图表格式生成，是工作表数据的图形化表示方式。图表和对应的数据直接关联，当数据源发生变化时，图表中对应的数据也会自动更新，使得数据显示更加直观、一目了然。

Excel 2016 提供的图表共 14 大类，包括柱形图、折线图、饼图、条形图、面积图等。如图 4.3.3 所示。

在使用中，可以根据不同的需要选择不同的图形，比如需要表示数据之间的差异，可以选择柱形图或条形图，表示具体和整体之间的关系可以使用饼图或圆环图，表示变化趋势可以使用折线图，表示多个属性的对象之间的差异，可以选择雷达图等。

图表的操作一般是在创建图表后再进行各种设置和编辑。

一、创建图表

创建图表时，首先要选定用来创建图表的数据，然后在"插入"选项卡"图表"选项组中寻找对应的图表类型。比如要创建"簇状柱形图"，应选择"柱形图"按钮下方箭头弹出菜单，并且选择"簇状柱形图"，即可在工作表中创建

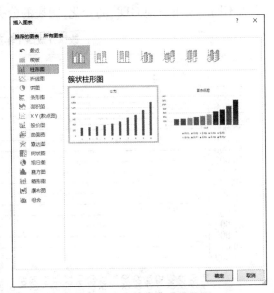

图 4.3.3 "插入图表"对话框

图表。如果不清楚图表名称,鼠标悬浮在图表标准上2秒,会有浮动窗口提示图表名称。

选定已经创建的图表,在Excel功能区会多出"图表工具"选项卡组,由"设计""格式"2个选项卡,通过其中的命令,可以对图表进行进一步编辑。

二、修改数据源

图表创建完成后,可以交换数据系列和分类系列来从不同的角度展现数据,也可以通过增加或删除数据来调整图表中显示的内容。

1. 切换行/列

创建图表后,如果发现分类轴上所显示的和预期的不一致,可以在"图表工具"的"设计"选项卡中选择"切换行/列",或者点击"选择数据"后打开"选择数据源"对话框,单击"切换行/列",然后点击"确定"按钮。

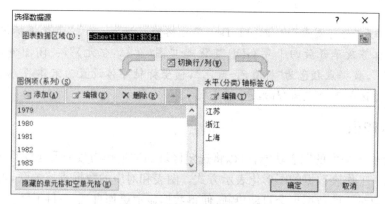

图 4.3.4　"选择数据源"对话框

比如图4.3.1所示图表在"切换行/列"后,由原来展示三地在不同年份下GDP的变化,变为不同年份下三地GDP的变化,图表的分类轴由原来的产生在"行",改变为产生在"列"。

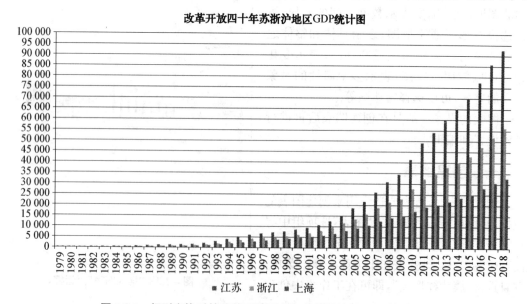

图 4.3.5　行列交换后的改革开放四十年苏浙沪地区 GDP 统计图

2. 添加或删除数据

如果在图标中要增加新的数据系列,可以通过"选择数据源"对话框来进行。在对话框中点击"图例项(系列)"中的"添加"按钮,打开"编辑数据系列"对话框,选择"系列名称"和"系列值",比如要在图 4.3.2 中再加入浙江省的变化趋势,系列名称可以选择"浙江",系列值选择为浙江从 1979 到 2018 年 GDP 的具体数值所在单元格即可。

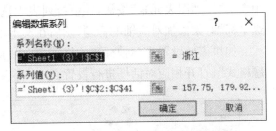

如果要删除数据,直接在"选择数据源"对话框中选定序列,删除即可。

图 4.3.6　"编辑数据系列"对话框

三、修改图表内容

一个图表中包含多个组成部分,默认创建的图表只包含部分内容,用户可以根据需要向其中添加布局元素,从而使得图表能表达更多信息。

1. 添加并修改图表标题

如果需要为图表添加标题,则可以在"图表工具"的"设计"选项卡"图表布局"选项组中点击"添加图表元素"按钮,在下拉列表中选择"图表标题",设置图表标题放置位置,在文本框中输入标题文本。如果需要对标题文本做格式调整,可以选中标题文本,点击鼠标右键弹出快捷菜单中选择"设置图表标题格式",打开"设置图表标题格式"对话框,为标题设置填充、边框颜色、阴影等效果。

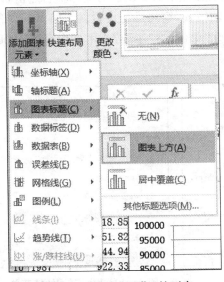

图 4.3.7　"图表标题"下拉列表

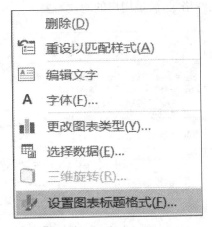

图 4.3.8　"图表标题"快捷菜单

2. 设置坐标轴及格式

坐标轴包括横向坐标轴和纵向坐标轴,可以添加标题来明确各个坐标轴的含义,也可以对其中的坐标、刻度等进行调整来丰富图表信息。

（1）添加和设置坐标轴标题

如果需要为坐标轴添加标题，则可以在"图表工具"的"设计"选项卡"图表布局"选项组中点击"添加图表元素"按钮，在下拉列表中选择"轴标题"，再选择"主要横坐标轴"或"主要纵坐标轴"来添加对应轴的标题，然后在文本框中输入标题文本。

如果需要设置坐标轴标题的格式，在坐标轴标题上点击右键，然后选择"设置坐标轴标题格式"，打开相应对话框进行设置。

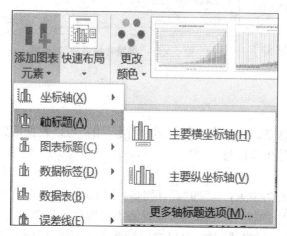
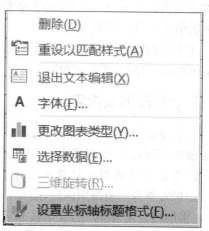

图 4.3.9 "轴标题"下拉列表 　　　　　　　 图 4.3.10 "坐标轴标题"快捷菜单

（2）设置坐标轴格式

如果需要对坐标轴格式进行设置，则可以直接点击需要设置的坐标轴后点击右键，然后选择"设置坐标轴标题格式"，打开"设置坐标轴格式"窗格进行设置。比如要更改纵坐标轴的主要刻度，则在"坐标轴选项"中，选择并修改"单位"下"主要"文本框内容，从而调整坐标轴横向网格线，满足用户的阅读需要。

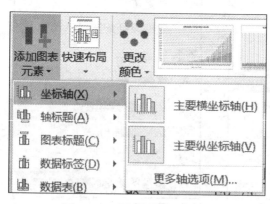
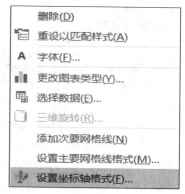

图 4.3.11 "坐标轴"下拉列表 　　　　　　　 图 4.3.12 "坐标轴"快捷菜单

3. 调整图例

图例用来标志和区分不同数据系列，如果需要调整，则可以在"图表工具"的"设计"选项卡"图表布局"选项组中点击"添加图表元素"按钮，在下拉列表中选择"图例"，在弹出的菜单中选择一种图例放置方式或者关闭图例，Excel 会自动进行调整。

　　如果需要对图例进行格式设置,则在图例上点击右键,然后选择"设置图例格式",打开相应对话框进行设置。

　　如果需要更改数据系列的代表颜色,则需要在图标中点击需要更改的数据系列,点击右键后在快捷菜单中选择"设置数据系列格式",在"设置数据系列格式"对话框中选择"填充",调整填充颜色,即可更改数据系列的代表颜色。

图4.3.13　"设置坐标轴格式"窗格

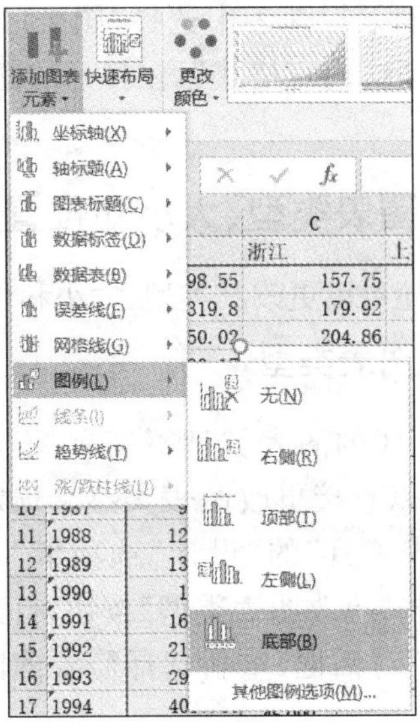

图4.3.14　"图例"下拉列表

4. 添加数据标签

　　数据标签是指在图表中的数据系列上的数据标记,默认不显示。如果需要为图表中的数据系列、数据点添加数据标签,单击选定图表后在"图表工具"的"设计"选项卡"图表布局"选项组中点击"添加图表元素"按钮,在下拉列表中选择"图例",选择数据标签添加的位置。

　　对数据标签要进行进一步格式的修改,则需要单击选择数据标签,然后在打开的"设置数据标签格式"窗格中,设置标签的显示内容、位置、数字显示格式等。

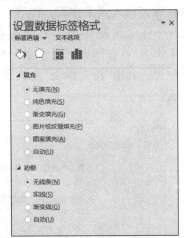

图4.3.15　"数据标签"下拉列表

图4.3.16　"设置数据标签格式"窗格

5.设置图表区和绘图区格式

图表区是指放置图表和其他元素的背景,绘图区是图表主体的背景,如果需要图表整体更加美观,也可以对它们进行设置。

选定图表后,在"图表工具"的"格式"选项卡"当前所选内容"选项组的下拉列表中选择"图表区"或"绘图区",然后点击"设置所选内容格式",在打开的窗格中进行修改即可。

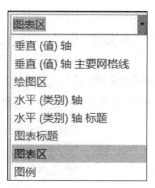

图 4.3.17 "布局"选项卡下拉列表

四、更改图表类型、大小和位置

对于图表,还可以更改其类型、大小和位置。

(一)更改图表类型

如果对于创建的图表类型不满意,不需要删除图表,可以直接更改图表类型。选定图表后,在"图表工具"的"设计"选项卡"类型"选项组中点击"更改图表类型"按钮,打开"更改图表类型"对话框,重新选择需要的图表类型即可。

(二)调整图表大小和位置

如果需要调整图表区或者绘图区大小,选定图表区或者绘图区后,鼠标移动到位于边框的控制点上,变为双向箭头直接拖动即可。

默认图表是放置在当前工作表的,这种放置方法也被称为嵌入式工作表。图表也可

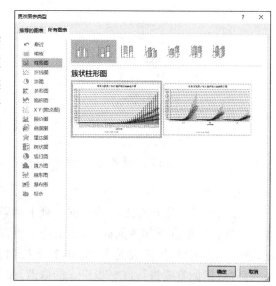

图 4.3.18 "更改图表类型"对话框

以独立放置在一张工作表中,也被称为独立图表。两种放置位置的可以通过"移动图表"来设置。选定工作表后,在图表空白区点击右键,在弹出的快捷菜单上选择"移动图表",选择需要放置的位置。其中"新工作表"为放置于独立图表,"对象位于"是放置到工作表中作为嵌入式工作表。

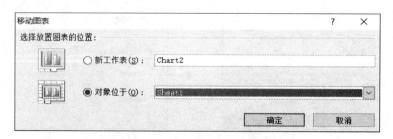

图 4.3.19 "移动图表"对话框

**任务拓展**

(1) 比赛成绩统计图

① 打开"成绩统计表"。

② 选定工作表"成绩统计表"的 A2:D10 单元格区域,建立"簇状柱形图",系列产生在"列",图表标题为"成绩统计图"。

③ 修改金牌图案内部填充为"橙色,个性色 6,淡色 40%",银牌图案内部为"白色,背景 1,深色 25%",铜牌图案内部填充为"黄色"。

④ 图例位置调整为底部。

⑤ 设置图表绘图区背景为白色。

⑥ 将图表放置在为工作表 A12:G26 单元格区域内。

⑦ 将工作簿以原文件名保存在原文件夹中。

(2) 绘制经济增长指数对比图

① 打开"经济增长指数对比"工作簿。

② 以 A2:L5 单元格区域为数据区域,建立"带数据标记的折线图",系列产生在"行"。

③ 图表标题为"经济增长指数对比图"。

④ 设置分类(X)轴标题为"月份"、设置数值(Y)轴刻度,"最小值"为"50""最大值"为"210""主要刻度单位"为"20""分类(X)轴交叉于"值为"50"。

⑤ 将图插入表格的 A8:L20 单元格区域内。

⑥ 将工作簿以原文件名保存在原文件夹中。

(3) 绘制资助比例图

① 打开"资助额比例"工作簿。

② 选择"单位""资助额"两列数据,建立一个"三维饼图"。

③ 图表标题设为"资助额比例图",图例位置在底部。

④ 添加数据标签,并在"数据标签"选项组中选择"百分比""图例项标示"复选框。

⑤ 将图插入表格的 A7:E17 单元格区域内。

⑥ 将工作簿以原文件名保存在原文件夹中。

任务四　管理和分析销售数据

任务描述

　　班长小刘最近到学校合作企业进行实习,这天被安排完成如下工作:找出本月销售额前3名的姓名和销售额,为后续制作销售明星展板做准备;根据本月考勤情况找出迟到超过6次并且早退超过2次的员工及考勤记录由部门经理约谈,找出有缺席记录且迟到超过4次,或者有缺席记录且早退超过3次的员工及考勤记录由人事经理负责约谈;计算江苏省所有门店6月份不同品牌冰箱的销售总数,并总结前2个季度南通地区各个门店不同产品类型的销售情况,并将资料提供给总经理办公室。小刘利用Excel中的数据管理功能,根据各个单位提供的原始记录对数据进行了分析,并得到了相应报表,然后打印后分送各个单位。

工号	姓名	销售额（万元）
0016	杨燕	30.328
0012	王兰	26.55
0015	龙丹丹	18.486
0006	何晓玉	17.970
0007	杨彬	17.875
0032	董国株	12.558
0008	黄玲	12.375
0005	刘伟	12.006
0001	王浩	10.914
0023	杜鹏	10.704
0028	何小鱼	8.97
0011	陈强	8.142
0018	邱鸣	7.722

图 4.4.1　销售额排序

序	时间	员工姓	所属部	迟到次	早退次	缺席天
0013	2020年6月	田格艳	企划部	5	4	3
0017	2020年6月	陈蔚	企划部	8	4	1
0018	2020年6月	邱鸣	研发部	6	5	0
0025	2020年6月	孟永科	企划部	5	4	0

图 4.4.2　部门经理约谈人员信息

序号	时间	员工姓名	所属部门	迟到次数	早退次数	缺席天数
0003	2020年6月	杨林	财务部	4	0	3
0005	2020年6月	刘伟	销售部	4	0	1
0008	2020年6月	黄玲	销售部	1	4	1
0010	2020年6月	张琪	企划部	7	1	1
0013	2020年6月	田格艳	企划部	5	4	3
0017	2020年6月	陈蔚	企划部	8	4	1
0019	2020年6月	陈力	企划部	0	4	1
0023	2020年6月	杜鹏	研发部	5	1	1

图 4.4.3　人事经理约谈人员信息

	A	B	C	D
1	序号	品牌	型号	6月销售量（台）
3		LG 汇总		1770
5		澳柯玛 汇总		2016
7		博世 汇总		1543
17		海尔 汇总		21360
18	16	美的	BCD 220UM	1820
19	20	美的	BCD 210TSM	1601
20	22	美的	BCD 185SM	1538
21	23	美的	BCD 213FTM	1492
22	25	美的	BCD 193SM	1483
23		美的 汇总		7934
28		美菱 汇总		8181
32		容声 汇总		7022
34		西门子 汇总		1901
38		新飞 汇总		6997
41		星星 汇总		6811
42		总计		65535

图 4.4.4　6 月份冰箱销售情况表

求和项:销售额（万元）	列标签			
行标签	电冰箱	空调	手机	总计
第1分店	34.39	62.444	53.454	150.288
第2分店	76.969	47.564	63.663	188.196
第3分店	69.386	73.688	48.522	191.596
总计	180.745	183.696	165.639	530.08

图 4.4.5　南通地区门店销售情况

 任务目标

☞ 掌握根据关键字排序的方法；
☞ 掌握数据自动筛选和高级筛选的方法；
☞ 掌握分类汇总表的生成方式；
☞ 掌握数据透视表的制作过程；
☞ 掌握工作表打印的方法。

任务内容

① 打开"企业工作数据.xlsx"。

② 选中工作表"6月份销售人员业绩榜"，复制为工作表"6月份销售人员排序"，并在"6月份销售人员排序"按照销售额从高到低排序。

③ 选中工作表"6月份考勤记录"，复制为工作表"部门经理约谈"，使用自动筛选功能，设置迟到≥5，早退≥2。

④ 选中工作表"6月份考勤记录"，复制为工作表"人事经理约谈"，使用高级筛选功能，找出缺席＞0且迟到≥4，或者缺席＞0且早退≥3的员工考勤信息。

⑤ 选中工作表"6月份江苏冰箱销售记录"，复制为工作表"6月份江苏冰箱销售统计"，使用分类汇总功能，统计不同品牌冰箱的销售数量。

⑥ 选中"南通地区门店2个季度销售纪录"，根据其中的内容生成数据透视表，"行"为门店名称，"列"为产品名称，"数值"为销售额（万元）的求和，并将生成的数据透视表命名为"南通地区门店销售统计"。

⑦ 打印工作表"6月份销售人员排序""部门经理约谈""人事经理约谈""6月份江苏冰箱销售统计"和"南通地区门店销售统计"。

 任务知识

　　Excel 有强大的数据管理和分析功能，可以很方便地组织、管理和分析数据信息，主要包括排序、筛选、汇总及统计操作。

一、排序

排序是指按照指定字段中数据的大小来重新调整记录的顺序。这个指定的字段也被称为排序关键字。一般排序可以分为升序和降序两种,其中升序是指数据从小到大排列,比如数据是小到大,文本则根据字母或者拼音顺序、日期按照由远及近的顺序。降序与之相反。而关键字如果出现空格,则排在所有记录的最后。

图 4.4.6 "排序和筛选"选项面板

(一) 单关键字排序

单关键字排序是指排序中只以一个字段作为排序的依据。其有两种办法:

① 在工作表中选定要排序关键字所在列包含数据的任意一个单元格,然后在"数据"选项卡"排序和筛选"选项组中单击"升序"或"降序"按钮。

② 选中工作表中需要排序的数据区域,然后在"数据"选项卡"排序和筛选"选项组中选择"排序"按钮,打开"排序对话框",在其中选择"主要关键字"为排序字段,然后设置"次序"为升序或降序。

图 4.4.7 单关键字排序

(二) 多关键字排序

多关键字是指对选定的数据区域按照两个以上的排序关键字进行排序。多个关键字的排序优先性不同,首先按照主要关键字进行排序,如果主要关键字相同则按照次要关键字进行排序。如图 4.4.8 表示所有记录先按照"所属部门"升序排序,同部门人员按照员工姓名进行升序排序。

其方式是选中工作表中需要排序的数据区域,然后在"数据"选项卡"排序和筛选"选项组中选择"排序"按钮,打开"排序对话框",在其中为"主要关键字"选择排序字段,然后点击

"添加条件",增加"次要关键字",然后为其选择排序字段,设置"次序"为升序或降序。如有更多的排序关键字,可以依次添加"次要关键字"。

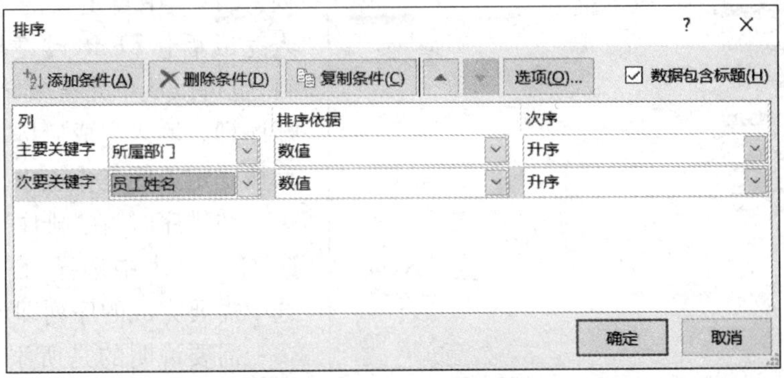

图 4.4.8 多关键字排序

(三) 自定义排序

自定义排序是指对选定数据区域按照用户定义的顺序进行排序。这里用户定义的顺序必须要使用已经在自定义列表中添加的序列。在自定义列表中添加序列首先需要在"文件"菜单中选择"选项"命令,打开"Excel 选项"对话框,选择"高级"选项后在右侧向下拖动垂直滚动条,单击"编辑自定义列表"按钮,打开"自定义序列"对话框。

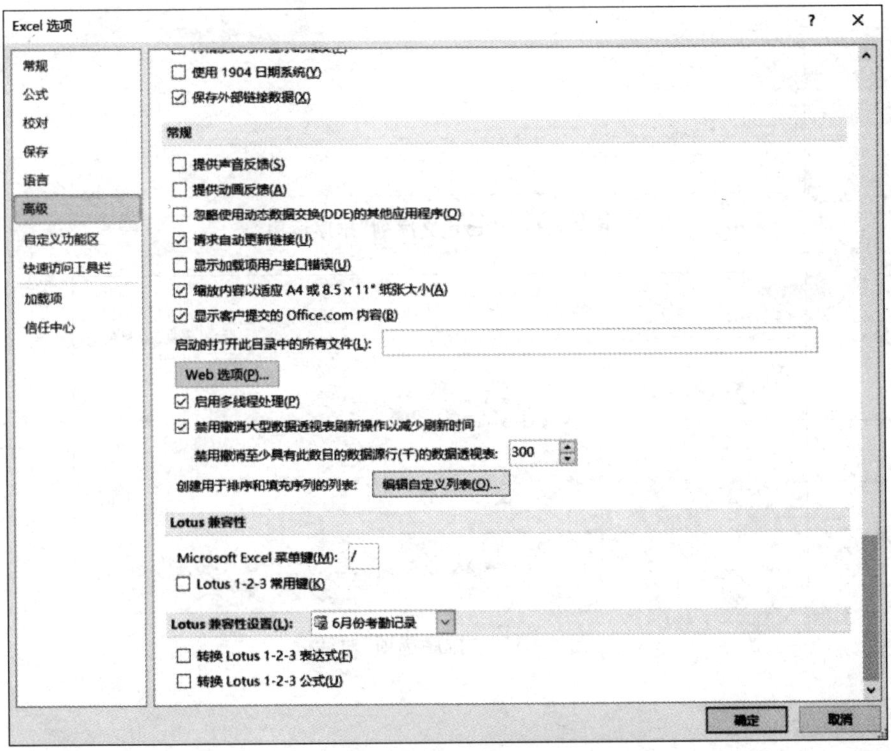

图 4.4.9 Excel 选项

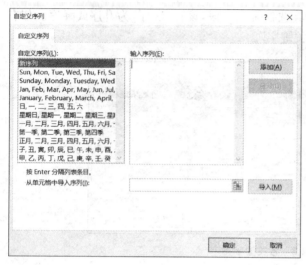

图 4.4.10 "自定义序列"对话框

在对话框中可以看到已经有部分自定义序列,选择新序列,在"输入序列"文本框中自定义的序列项,每项输入完成后按【Enter】键换行来分隔条目,也可以从单元格中导入需要添加的新序列。输入完成后按"添加"按钮,然后按确定返回工作表中。

在排序时,在"排序"对话框中,"次序"下拉列表中选择"自定义序列",并选中需要完成的序列即可。

需要说明的是所添加的自定义序列可以通过自动填充的方式来方便输入,其方法可以参考前面章节内容。

在"排序"对话框中点击"选项",则可以打开"排序选项"对话框,从而变更排序方向和排序方法。

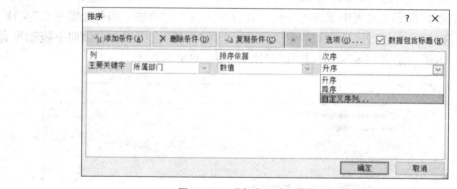

图 4.4.11 "自定义序列"排序运用

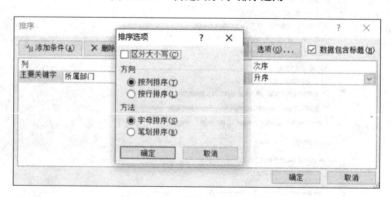

图 4.4.12 "排序选项"对话框

二、筛选

筛选是指隐藏不希望显示的数据行,而只显示满足指定条件的数据行的过程。在 Excel

中有自动筛选和高级筛选两个功能,都可以很快速方便地从大量数据中找到需要查看的数据。

(一)自动筛选

选中需要筛选的区域中的任意单元格,在"数据"选项卡"排序和筛选"选项组中点击"筛选"按钮,表格中的每个字段右侧都将自动显示一个下拉按钮,点击弹出一个下拉列表框,选择"数字筛选",按照级联菜单中合适的命令来进行设置。比如要筛选迟到次数大于等于 8 的员工信息,则可以选择"自定义筛选"选项或"大于或等于",打开"自定义自动筛选方式"对话框,如图 4.4.15 所示设置后点击"确定"按钮即可。

序号	时间	员工姓名	所属部门	迟到次数	早退次数	缺席天数
0001	2020年6月	王浩	研发部	0	0	0
0002	2020年6月	郭文	秘书处	10	1	0
0003	2020年6月	杨林	财务部	4	0	3
0004	2020年6月	雷庭	企划部	2	2	0
0005	2020年6月	刘伟	销售部	4	0	1
0006	2020年6月	何晓玉	销售部	0	4	0
0007	2020年6月	杨彬	研发部	2	8	0
0008	2020年6月	黄玲	销售部	1	4	1
0009	2020年6月	杨楠	企划部	3	2	0

图 4.4.13 Excel 选项

图 4.4.14 自动筛选计算模式

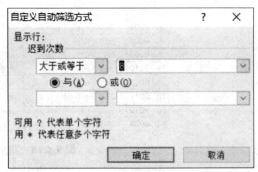

图 4.4.15 "自定义自动筛选方式"对话框

如果还需要对另外一列的字段设置条件来进一步缩小筛选范围,则点击需要进行设置的字段右边的小箭头,在其下拉列表中继续设置即可。比如要进一步筛选出早退次数大于等于 4 的员工信息,只需要对早退次数设置其自定义自动筛选条件为"大于等于 4"后确定即可。

(二)高级筛选

自动筛选对一列数据字段的设置条件最多只可以有两个,而且对于不同列的字段之间只可以使用"与"的关系。为解决以上限制,可以采用高级筛选。高级筛选需要先建立一个条件区域,用来指定筛选的数据必须满足的条件,然后将条件应用到数据区域来进行筛选。如要找出缺席>0且迟到>=4,或者缺席>0且早退>=3的员工考勤信息,具体做法如下:

① 复制数据标题,并在工作表区域中建立条件区域,如图4.4.16所示。

38	序号	时间	员工姓名	所属部门	迟到次数	早退次数	缺席天数
39					>=4		>0
40						>=3	>0

图4.4.16 "高级筛选"条件区域

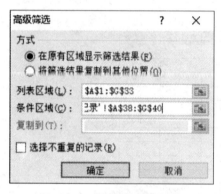

图4.4.17 "高级筛选"对话框

② 单击数据区域中的任意单元格,在"数据"选项卡"排序和筛选"选项组中点击"高级"按钮打开"高级筛选"对话框。设置"方式",确定"列表区域"为数据区域,"条件区域"为刚刚建立的条件区域,如果"方式"为"将筛选结果复制到其他位置",还需要在"复制到"中确定存放结果区域的首单元格,最后单击"确定"按钮得到结果如图4.4.18所示。

需要注意的是,执行高级筛选时条件区域和数据区域之间必须有空行,其列标题必须和原标题完全一致。多个条件之间的关系是同一行表示条件之间是"与"关系,不同行表示条件之间是"或"关系,比如本例设置的条件表示("缺席>0"与"迟到>=4")或("缺席>0"与"早退>=3")。

	A	B	C	D	E	F	G
1	序号	时间	员工姓名	所属部门	迟到次数	早退次数	缺席天数
4	0003	2020年6月	杨林	财务部	4	0	3
6	0005	2020年6月	刘伟	销售部	4	0	1
9	0008	2020年6月	黄玲	销售部	1	4	1
11	0010	2020年6月	张琪	企划部	7	1	1
14	0013	2020年6月	田格艳	企划部	5	4	3
18	0017	2020年6月	陈蔚	企划部	8	4	1
20	0019	2020年6月	陈力	企划部	0	4	1
24	0023	2020年6月	杜鹏	研发部	5	1	1

图4.4.18 高级筛选结果

不管是自动筛选,还是高级筛选,其不显示的数据并没有被删除,只是被隐藏,只需要在"数据"选项卡"排序和筛选"选项组中选择"清除"命令或点击"筛选"取消筛选的状态。

三、分类汇总

分类汇总是根据指定的类别将数据以指定的方式进行统计,不需要建立公式就可以在表格中快速完成汇总和分析,得到统计结果。

(一)创建分类汇总

创建分类汇总前需要将数据区域按照分类字段进行排序,比如统计冰箱各品牌销售情况,必须先按照品牌名称进行排序,从而使得同一品牌的冰箱的记录排列在相邻行中。然后在数据表中任意选定一个单元格,在"数据"选项卡"分级显示"选项组中选择"分类汇总"按钮,通过下拉列表设置分类字段、汇总方式,通过复选框选定需要汇总计算的字段,点击确定即可。

分类汇总完成后,在数据区域左边会出现一些层次按钮,可以用来对数据进行分级显示,以便于用户能根据需要确定显示内容。

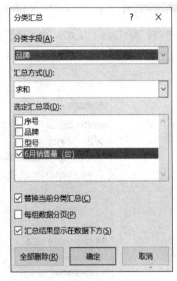

图 4.4.19　"分类汇总"对话框

(二) 分类汇总嵌套

如果要对多个字段同时进行分类,比如每类商品每天销售数量之类的要求,则必须使用分类汇总的嵌套功能,其方法首先在排序时将多个关键字按照主要、次要关键字来进行排序,然后先按照其中一个字段进行分类汇总,确认生成后,再次打开"分类汇总"按照第二个字段进行设置好后,取消"替换当前分类汇总"复选框的选中,即可完成分类汇总嵌套。如果还有第三个分类字段,依次完成即可。

(三) 删除分类汇总

对于已经设置完成了分类汇总的工作表,如果需要删除分类汇总,只需要选定数据区域的任何一个单元格,再次打开"分类汇总"对话框,选择"全部删除"按钮即可。

四、数据透视表

数据透视表是 Excel 中一个非常重要的功能,其可以对大量数据进行快速汇总,并根据原有数据区域来建立交叉表以便从不同角度查看数据。在数据透视表中,可以将数据的排序、筛选和分类汇总 3 个过程结合在一起,转换行和列以查看源数据的不同而汇总结果,可以显示不同页面以筛选数据,还可以根据需要显示所选区域中的明细数据等。

(一) 创建数据透视表

数据透视表是基于已有数据来进行交叉制表和汇总后再生成的新数据表,因此在生成透视表前首先应对已有数据有认识,并且明确需要统计什么,要对重新组织的数据表有一个清楚的认识。

比如要计算各个门店不同产品类型的销售情况,其最后形成的数据表应类似于图 4.4.5 所示。下面以该表为例来介绍如何创建数据透视表。

① 选定数据区域中的任意单元格,在"插入"选项卡"表格"选项组中单击"数据透视表"按钮,打开"创建数据透视表"对话框。

② 确认自动取得的数据区域是否正确,如有问题,可以重新选择。在"选择方式数据透视表位置"中选择"新工作表"。

③ 点击"确定"按钮,进入数据透视表设计环境,将"选择要添加到报表的字段"列表框

中将"分店名称"字段拖动到"行标签"列表框中,将"产品名称"字段拖动到"列标签"列表框中,将"销售额(万元)"拖动到"数值"框中。

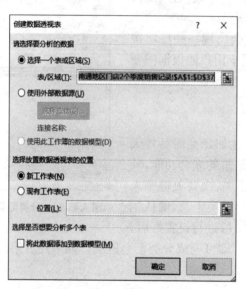

图 4.4.20 "创建数据透视表"对话框

图 4.4.21 数据透视表字段添加

这样就完成了数据透视表的设计。如果"数值"字段的计算方式不是求和,则直接点击相应按钮,在弹出菜单中选择"值字段设置",在打开的"值字段设置"对话框中,选择需要的汇总方式即可。

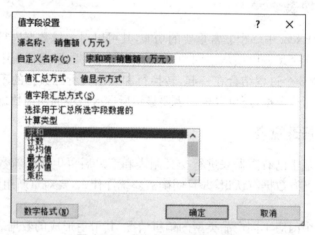

图 4.4.22 "值字段设置"对话框

(二) 数据透视表值更新

如果源数据区域中的数值发生了改变,与之相关联的数据透视表不会像图表那样自动更新,需要在数据透视表中右键点击任意一个单元,在快捷菜单中选择"刷新"命令才能更新数据透视表中的汇总数据。

（三）添加和删除数据透视表字段

数据透视表生成后如果觉得布局不合理，可以根据需要添加或删除数据透视表中的字段。只需要在"数据透视表字段列表"中，重新添加、调整、删除数据透视表的"报表筛选""行标签""列标签"和"数值"之中的字段即可。

（四）根据数据透视表创建数据透视图

数据透视图是以图形形式展现的数据透视表。其制作方法为选中数据透视表的任意单元格，在"数据透视表工具""分析"选项卡"工具"选项组中单击"数据透视图"按钮，打开"插入图表"对话框，选择需要的图表类型即可。

对于已经建好的图表，可以对其中的数据序列进行调整。点击在图表左上角或右下角的下拉箭头，在弹出的快捷菜单中选定或取消数据序列即可。

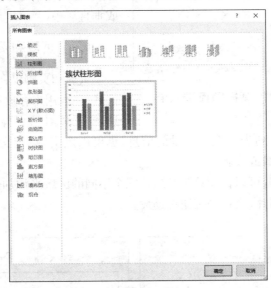

图 4.4.23 数据透视图的图表类型

五、页面设置

在打印工作表前，一般需要对工作表进行一些必要的设置，在"页面布局"选项卡"页面设置"选项组中可以直接进行页边距、纸张方向、纸张大小、打印区域等常见页面设置。也可以直接点击"页面设置"选项组右下角按钮，打开"页面设置"对话框，在对话框中逐一设置各项内容。

图 4.4.24 "页面设置"选项组

（一）页面

在"页面"选项卡中设置打印方向、打印时的缩放比例、纸张大小、打印质量和起始页码。

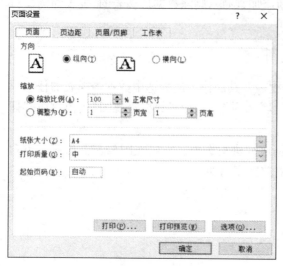

图 4.4.25　"页面设置"对话框"页面"选项卡

打印方向可以分为纵向和横向，缩放用来调整打印的大小，纸张大小受打印机制约，打印质量给出打印机允许的分辨率，起始页码为设置第一页的页码。

（二）页边距

"页边距"选项卡可设置表格到纸的四边的距离和页眉页脚与纸边的距离，"居中方式"确定工作表打印时在一页水平居中或垂直居中。

（三）页眉和页脚

页眉和页脚仅在打印时可以看到相关信息，一般用来存放和 Excel 文档有关的信息。在"页眉和页脚"选项卡中，可以选择页眉和页脚对应的下拉列表来选择预设的信息，也可以点击"自定义页眉"或者"自定义页脚"按钮来自主编辑页眉或页脚。

自定义页眉或页脚，可以在"左""中""右"三个不同的区域来添加信息，系统也提供了一些常用的页码、日期、图片、文本等按钮帮助设置。

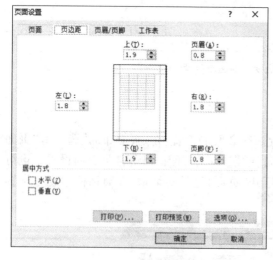

图 4.4.26　"页面设置"对话框"页边距"选项卡

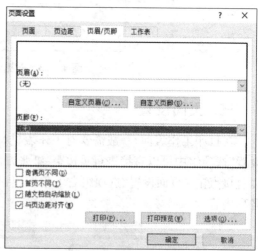

图 4.4.27　"页面设置"对话框"页眉和页脚"选项卡

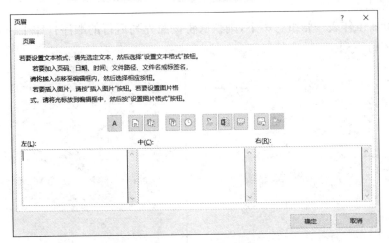

图 4.4.28　"页眉"对话框

（四）工作表

"工作表"选项卡用于设置工作表打印时的打印区域、打印标题、打印元素和打印顺序。

1. 打印区域

默认情况下，Excel 会将工作表中所有有数据的单元格全部打印出来，如果只要打印其中部分内容，则需要在"打印区域"中提前选定需要打印的区域。

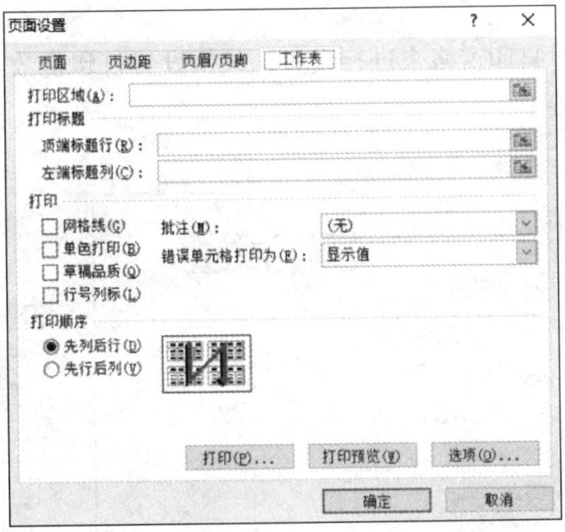

图 4.4.29　"页面设置"对话框"工作表"选项卡

2. 打印标题

当工作表很长时，默认情况下从第二页开始就看不到标题行了，给查看数据带来不便。这时只要在"工作表"选项卡中设置"打印标题"即可。"打印标题"分为"顶端标题行"和"左端标题行"，在打印前选中需要在每页重复的顶端或左端的数据区域，就可以完成设置。

3. 打印元素

可以设置打印时是否打印网格线、行号列标、批注等内容。

4.打印顺序

如果 Excel 工作表一张纸打不下,则默认将按照先列后行的顺序打印工作表,也可以调整顺序改为先行后列。

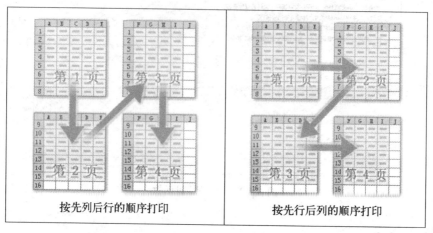

图 4.4.30　打印顺序

六、打印工作表

如需打印工作表,在"文件"菜单中选择打印命令,则在其右侧出现打印窗格。Excel 中采用了所见即所得技术,用户可以在屏幕上直接看到打印效果,如果有多页,可以通过选择下一页逐页查看。

在打印时,可以通过打印窗格来进行设置。包括设置打印份数,选择打印机,还可以设置打印对象、页数范围等。

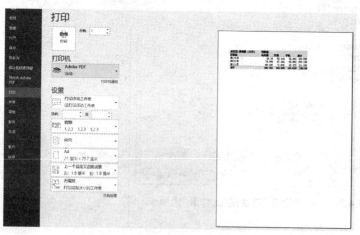

图 4.4.31　"文件"菜单"打印"选项卡

图 4.4.32　打印范围设置

任务拓展

(1)成绩分析和管理

① 打开"成绩管理"工作簿。

② 选中"成绩管理"工作表,在工作簿中复制,新工作表命名为"排序"。

③ 在工作表"排序"中,以语文为主关键词进行降序排列,如果语文成绩相同则按照数学成绩降序排列。

④ 选中"成绩管理"工作表,在工作簿中复制,新工作表命名为"自动筛选"。

⑤ 在工作表"自动筛选"中,使用自动筛选找出男生中语文和数学均大于等于85分的同学。

⑥ 选中"成绩管理"工作表,在工作簿中复制,新工作表命名为"高级筛选"。

⑦ 在工作表"高级筛选"中,使用高级筛选找出语文或数学或英语在90分以上的同学。

⑧ 选中"成绩管理"工作表,在工作簿中复制,新工作表命名为"分类汇总"。

⑨ 在工作表"分类汇总"中,计算出男女生各科成绩平均数。

⑩ 将工作簿以原文件名保存在原文件夹中。

(2) 部门档案分析

① 打开"部门人员"工作簿。

② 选中"员工档案清单"工作表,在工作簿中复制,新工作表命名为"筛选"。

③ 在工作表"筛选"中,找出年龄在30岁以上。

④ 选中"员工档案清单"工作表,在工作簿中复制,新工作表命名为"分类汇总"。

⑤ 在工作表"分类汇总"中,统计各个部门不同性别的员工人数。

⑥ 根据"员工档案清单"使用"数据透视表"来统计每个部门不同学历的人员的平均工资。

⑦ 将工作簿以原文件名保存在原文件夹中。

项目五　PowerPoint 2016 演示文稿

项目描述

Microsoft Office PowerPoint 是微软公司的演示文稿软件。用户可以在投影仪或者计算机上进行演示，也可以将演示文稿打印出来，制作成胶片，以便应用到更广泛的领域中。

利用 Microsoft Office PowerPoint 不仅可以创建演示文稿，还可以在互联网上召开面对面会议、远程会议或在网上给观众展示演示文稿。

任务一　演示文稿的初步设计

任务描述

国庆节，旅游专业的小王同学要参加学校为庆国庆而举行的演讲比赛。她决定利用她的专业特长，向师生介绍祖国的大好河山。确定了《中国景，中国情》演讲主题后，她做了同名的演示文稿。希望用图文并茂的 PPT 文件配合自己富有激情的演讲，取得比赛好成绩。

任务目标

☞ 熟悉 PowerPoint 2016 的界面组成；
☞ 掌握 PowerPoint 2016 演示文稿的创建及保存；
☞ 掌握插入新幻灯片及选择幻灯片版式的方法；
☞ 掌握添加文字、图片及艺术字的方法；
☞ 掌握插入页眉页脚的方法。

任务内容

打开素材文件夹中的文件"实战演练 5.1.1.pptx"，完成下面操作：

① 插入标题幻灯片作为第一张幻灯片。

② 设置标题幻灯片的标题为"中国景 中国情"，字体格式为华文隶书，80 号字，蓝色；副标题为"中国十大名胜古迹"，字体格式为华文行楷，36 号字，"深蓝，文字 2，淡色 40％"。

③ 在第二张幻灯片中，插入图片"长城.jpg"，并设置其高 8 厘米，宽 10 厘米，位置：水平方向距离左上角 14 厘米，垂直方向距离左上角 6 厘米。

④ 将第三张幻灯片的版式改成"标题和内容"形式，并把文本文档"桂林山水"中的文字

添加到该幻灯片的文本区。

⑤ 除标题幻灯片,其他各幻灯片要求显示自动更新的日期和时间,形式如"2019 年 11 月 8 日",同时显示幻灯片编号。

⑥ 第十一张幻灯片备注区插入备注:"据史书记载:秦始皇帝从 13 岁即位时就开始营建陵园,修筑时间长达 38 年,工程之浩大、气魄之宏伟,创历代统治者奢侈厚葬之先例。"。

⑦ 在最后一页插入空白幻灯片,输入艺术字"WELCOME TO CHINA"要求:字号 66,使用第一行第三列样式,文字效果为"左牛角形"。

⑧ 将制作好的演示文稿以"中国景 中国情.pptx"保存,存放于实验素材文件夹中。

 任务知识

一、认识 PowerPoint 2016

Microsoft Office PowerPoint 2016 创建的文件称为演示文稿,其格式后缀名为:ppt、pptx;或者也可以保存为:pdf、图片格式等。2010 及以上版本中可保存为视频格式。演示文稿中的每一页称为幻灯片。每张幻灯片都是演示文稿中既相互独立又相互联系的内容。

在桌面双击 PowerPoint 2016 的图标或者在开始菜单找到 Microsoft Office PowerPoint 2016 都可以直接打开 PowerPoint 2016,单击"空白演示文稿",打开后的工作界面如图 5.1.1 所示。

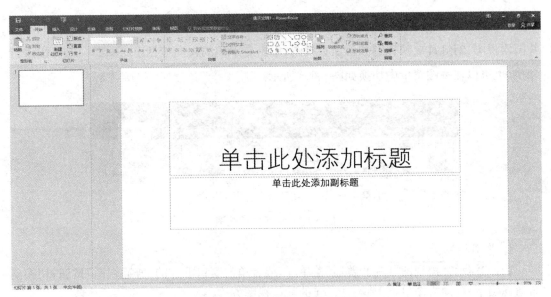

图 5.1.1　PowerPoint 2016 界面

二、演示文稿的创建

(一)创建演示文稿

单击"文件"→"新建"命令,选择"空演示文稿",如图 5.1.2 所示。

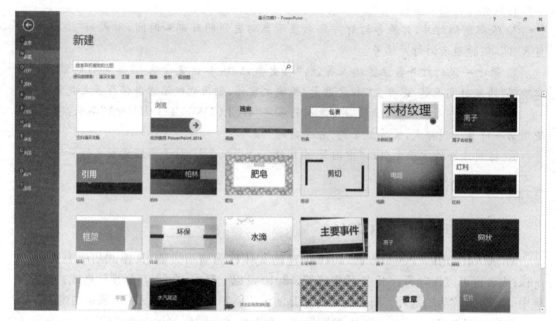

图 5.1.2　"新建演示文稿"任务窗格

（二）PowerPoint 2016 的视图

PowerPoint 2016 为用户提供了四种视图格式，分别是普通视图、幻灯片浏览视图、幻灯片阅读视图、幻灯片放映视图和备注页视图，单击右下角的视图按钮 ⊞ 器 🗐 🖵 可以进行切换，也可以在视图菜单中切换如图 5.1.3 所示。

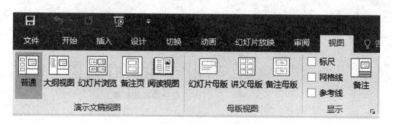

图 5.1.3　演示文稿视图

1. 普通视图

选择"演示文稿视图"中的"普通"菜单项，或者单击窗口下方的"普通视图"按钮，切换到普通视图下，普通视图也是 PowerPoint 的默认视图方式。

普通视图是适用于编辑幻灯片的视图方式，如图 5.1.4 所示，它包含以下 2 个窗格：

① 大纲窗格：大纲窗格位于窗口的左侧，主要用于显示演示文稿包含幻灯片的张数及演示文稿的文本大纲，在大纲窗格中可以组织和输入演示文稿的文本内容。

② 幻灯片窗格：幻灯片窗格位于大纲窗格的右侧，显示当前幻灯片的所有详细内容，在幻灯片窗格中可以查看每张幻灯片的文本外观，并且能够在单张幻灯片中添加图片、声音和影片等内容，还可以在幻灯片窗格中对内容进行修改。

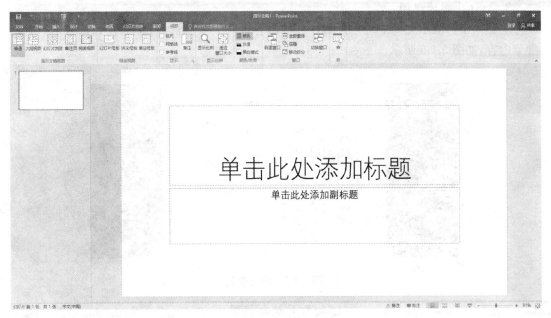

图 5.1.4　普通视图

2. 幻灯片浏览视图

以最小化的形式显示演示文稿中的所有幻灯片。在幻灯片浏览视图中，可在屏幕上同时看到演示文稿中的所有幻灯片，这些幻灯片是以缩略图显示的，如图 5.1.5 所示。该视图方式可以从整体上浏览所有幻灯片的效果，可以方便地在幻灯片之间添加、删除和移动幻灯片。双击某个幻灯片切换到幻灯片编辑窗口即可对该幻灯片进行各种操作。

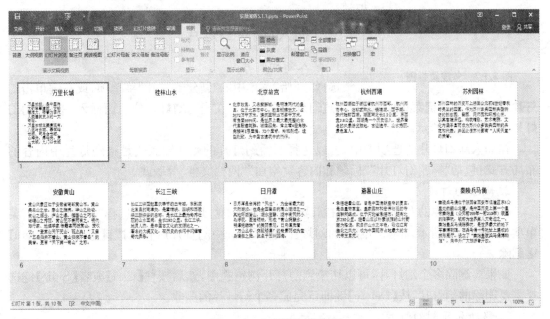

图 5.1.5　幻灯片浏览视图

3. 幻灯片阅读视图

主要用于将演示文稿中每一张幻灯片的内容进行放大,可以清楚地看到每张幻灯片的细节内容,如图 5.1.6 所示。

图 5.1.6　阅读视图

4. 幻灯片放映视图

幻灯片放映视图会占据整个屏幕,在该视图中用户看到的就是观众看到的效果,用于查看设计好的演示文稿的放映效果及放映演示文稿。

5. 备注页视图

这种视图界面被分成两个部分,上方为幻灯片,下方为备注添加窗口,如图 5.1.7 所示。在备注区可以编辑各种备注信息。

三、插入/删除幻灯片

1. 插入新幻灯片

图 5.1.7　备注页视图

选择"开始"菜单中的"新建幻灯片"菜单项,或右键单击幻灯片,在打开的快捷菜单中点击"新建幻灯片",都可以在当前幻灯片的前面插入一页新的幻灯片,如图 5.1.8 所示。

在插入新幻灯片的选项卡中,可以选择所需幻灯片的版式。版式是指幻灯片中内容的布局方式,包括"标题幻灯片""标题和内容""空白""两栏文本"等版式。

2. 删除幻灯片

在普通视图中的左侧"幻灯片"栏,选中要删除的幻灯片,单击右键选择"删除幻灯片"菜单项,如图 5.1.9 所示,删除不需要的幻灯片,也可以选中幻灯片后直接按键盘上的【Delete】键删除。

如果要删除多个幻灯片,可以切换到幻灯片浏览视图,然后按住【Ctrl】或者【Shift】键选择需要删除的幻灯片,按【Delete】键即可完成多个幻灯片的删除。

3. 移动和复制幻灯片

移动幻灯片的方法:

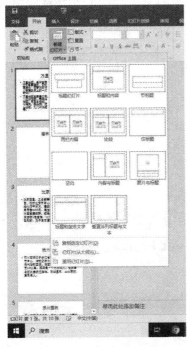

图 5.1.8 插入新幻灯片　　　图 5.1.9 右键打开的快捷方式

① 选中需要移动的幻灯片,在"剪贴板"菜单中选择"剪切"菜单项,然后将鼠标移动到需要插入该幻灯片的位置上粘贴幻灯片。

② 在幻灯片或者大纲编辑区直接选中幻灯片并拖动到需要放置的位置。

复制幻灯片的方法:

① 在幻灯片或者大纲编辑区选中要复制的幻灯片,单击右键,打开图 5.1.9 的快捷菜单,选中"复制幻灯片",然后将鼠标移动到需要插入该幻灯片的位置上粘贴幻灯片。

② 进入幻灯片浏览视图,选中要复制的幻灯片,按住【Ctrl】键不放,用鼠标将幻灯片拖动到目标位置,再释放鼠标左键和【Ctrl】键。

四、幻灯片版式与占位符

幻灯片版式是 PowerPoint 软件中的一种常规排版的格式,通过幻灯片版式的应用可以对文字、图片等更加合理简洁完成布局,版式有文字版式、内容版式、文字和内容版式与其他版式等版式组成。

一般情况下,插入新幻灯片的同时就可以选择好所需版式,但有时也需要更改幻灯片版式,改变 PowerPoint 版式的操作步骤具体如下:

① 选定要改变版式的幻灯片;

② 在"开始"菜单中的"幻灯片"选项卡中选择"版式"即可打开"Office 主题",根据需要,选择合适的幻灯片版式,如图 5.1.10 所示。

版式是由占位符(占位符:一种带有虚线或阴影线边缘的框,绝大部分幻灯片版式中都有这种框)组成,而占位符内可放置文字(例如标题和项目符号列表)和幻灯片内容[例如表格、图表、图片、形状和剪贴画（剪贴画：一张现成的图片，经常以位图或绘图图形的组合的形式出现）〕。如图 5.1.11 所示。

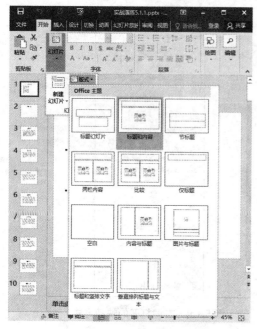

图 5.1.10　幻灯片版式

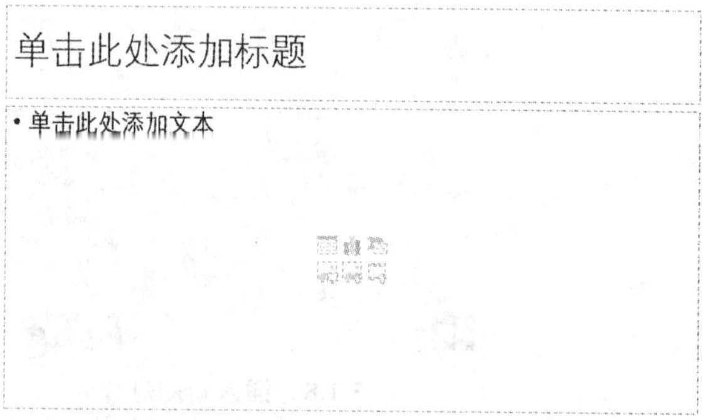

单击此处添加标题

· 单击此处添加文本

图 5.1.11　占位符

所谓"占位符"就是先占住一个固定的位置，等着你再往里面添加内容的。在 PowerPoint 的幻灯片中，占位符内往往有"单击此处添加标题""单击此处添加文本"之类的提示语，一旦鼠标点击之后，提示语会自动消失。当我们要创建自己的模板时，占位符就显得非常重要，它能起到规划幻灯片结构的作用。

在占位符中可以插入文字信息和对象内容，分为文本占位符和内容占位符两种，如图 5.1.11 上面的虚线框是文本占位符，下面的虚线框是内容占位符，内容占位符中可以添加文本、表格、图片、视频、剪贴画等。我们也可调整占位符的大小和位置，方法和文本框的设置类似。

五、幻灯片中添加内容

（一）幻灯片中插入文本

鼠标单击幻灯片占位符中的"单击此处添加标题"，这时出现一个插入符，此时占位符处于文本编辑状态。如图 5.1.12 所示，在这种状态下可以进行文字的输入、编辑排版和删除等操作，编辑过程与 Word 类似，不再复述。

在幻灯片的文本内容中还可以添加或改变项目符号和编号：选中正文中的文本，在"开始"菜单中"段落"菜单里选择项目符号，如图 5.1.13 所示。

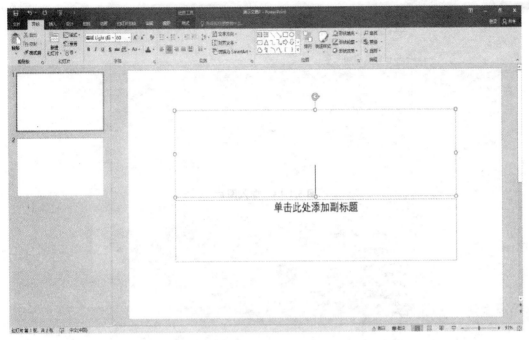

图 5.1.12　在"占位符"中输入文字

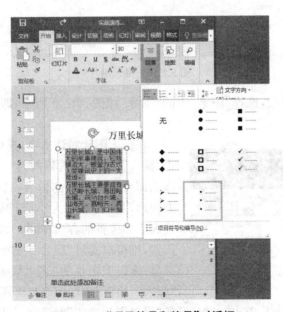

图 5.1.13　"项目符号和编号"对话框

（二）插入图片

在幻灯片中插入一些图片,形状可以增强演示文稿的视觉效果,插入图片的方法有:

① 在占位符中直接选择"图片"如图 5.1.14 所示,可以直接打开"插入图片"对话框,如图 5.1.15 所示。

图 5.1.14 插入图片

图 5.1.15 插入图片

② 在"插入"菜单中,选择"图像"中的"图片"如图 5.1.16 所示,即可打开"插入图片"对话框。

图 5.1.16 "插入"→"图片"

在插入图片对话框中,选中需要插入的图片,单击"插入",即可插入该图片。然后根据需要用鼠标拖动即可调整图片的位置,选中图片的控制点即可方便地调整图片的大小,与 Word 中插入和调整图片大小和位置的方法相同。如果要对图片进行详细设置,则可以通过"图片工具"中的"格式"菜单中的工具,来设置图片的"艺术效果""图片格式""大小""版式""边框"等如图 5.1.17 所示。

还可以通过选中图片单击右键打开的"设置图片格式"对话框,如图 5.1.18 所示,来设置图片的边框、填充、线型、大小等,具体设置方法同 Word。

图 5.1.17 图片工具→格式

图 5.1.18 设置图片格式

(三) 插入艺术字

在"插入"菜单中的"文本"中选择"艺术字",即可打开插入艺术字的样式列表,如图 5.1.19所示,选择合适的样式,就可以在"请在此放置您的文字"框中输入需要输入的文字,如 图5.1.20所示。

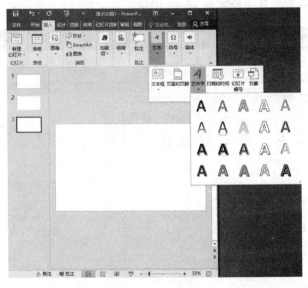

图 5.1.19 插入艺术字

图 5.1.20 艺术字

编辑艺术字的方法跟 Word 中相同,可以在"绘图工具"中,如图 5.1.21 所示,也可以鼠标右键单击艺术字在快捷菜单中打开"设置形状格式"对话框来设置艺术字格式。

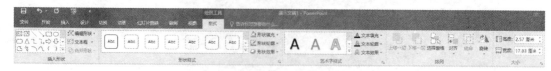

图 5.1.21 绘图工具

幻灯片中也可以插入文本框或是插入自选图形,方法和 Word 中也差不多,这里不再详细讲解。

(四)幻灯片中插入表格和图表

插入表格和插入图表的方法和插入图片的方法基本相同。

在占位符中直接选择"插入表格"按钮,就可以打开"插入表格"对话框,输入行和列数,就可以插入表格,如图 5.1.22 所示。

在占位符中直接选择"插入图表"按钮,就可以打开"插入图表"对话框,选择所需图表类型,就可以插入表格,如图 5.1.23 所示。

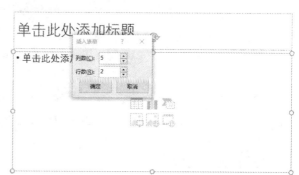

图 5.1.22 插入表格

插入图表和表格后的具体设置和 Word 中也是基本相同,不再介绍。

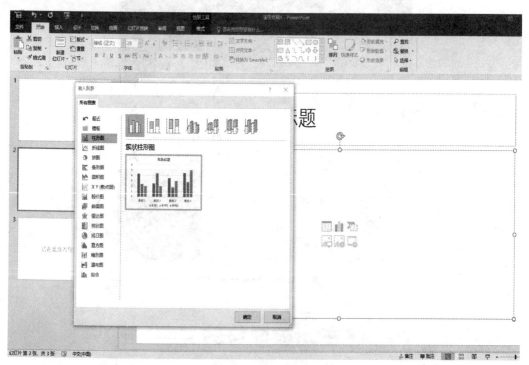

图 5.1.23 插入图表

（五）插入页眉页脚

幻灯片中可以添加页眉页脚信息，如添加页码、日期和时间、页脚等内容，在"插入"菜单中的"文本"选项卡中，如图 5.1.24 所示，打开"页眉页脚"对话框，如图 5.1.25 所示。

在"页眉和页脚"对话框中可以设置日期和时间、幻灯片编号和页脚，在页脚中可以根据自己的需要添加文本或小图片等。

图 5.1.24　插入→文本

图 5.1.25　"页眉页脚"对话框

六、演示文稿的保存

制作好的演示文稿通常默认的保存类型是"PowerPoint 演示文稿"，其扩展名为".pptx"。也可以保存为 PowerPoint 97 - 2003 的格式，如图 5.1.26所示。

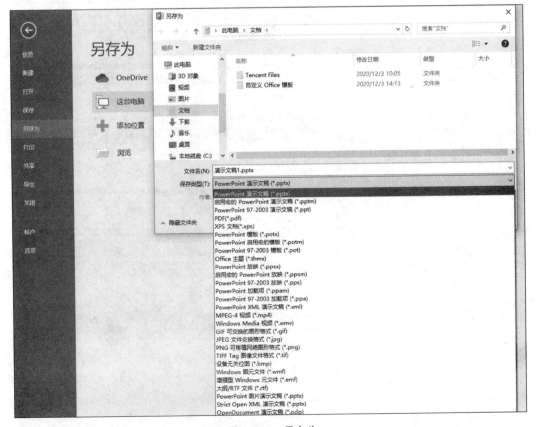

图 5.1.26　另存为

**任务拓展**

打开素材文件夹中的文件"实战演练 5.1.2.pptx",完成下面操作:

① 插入标题幻灯片作为第一张幻灯片。

② 设置标题幻灯片的标题为"日月潭旅游景点",字体格式为华文彩云,60 号字。

③ 将第二张幻灯片版式改为"两栏内容",在右侧内容区插入图片"日月潭.jpg",并设置其高 8 厘米,宽 10 厘米,位置:水平方向距离左上角 11 厘米,垂直方向距离左上角 7 厘米。

④ 将第三张幻灯片的版式改成"标题和内容",并把文本文档"竹山"中的文字添加到该幻灯片的文本区。

⑤ 除标题幻灯片,其他各幻灯片要求显示自动更新的日期和时间,形式如"2019 年 5 月",同时显示幻灯片编号。

⑥ 调换第 5 张和第 6 张幻灯片的顺序。

⑦ 在最后一页插入空白幻灯片,输入艺术字"谢谢观看!"要求:字号 80,使用第四行第三列样式,文本效果为"转换"中的"前远后近"。

将制作好的演示文稿以"日月潭.ppt"保存,存放于素材文件夹中。

图 5.1.27 编辑效果图

任务二　演示文稿的美化

 任务描述

通过学习,小王同学已经熟练掌握了演示文稿的创建和基本的编辑方法。为了使演示文稿更加美观,她选用了"暗香扑面"主题并精心设置了背景;为了演示文稿更加生动,她设置了动画和幻灯片的切换;为了使演示文稿有一致的风格,她应用了母版功能进行统一的格式设置。

 任务目标

☞ 掌握主题的设置方法;

☞ 熟练应用母版;

☞ 掌握设置幻灯片的动画效果的方法以及更改、删除及重新排序动画效果的方法;

☞ 掌握设置幻灯片切换效果的方法;

☞ 熟练应用动作按钮;

☞ 掌握创建超链接的方法;

☞ 掌握设置幻灯片放映方式的方法。

任务内容

打开任务一创建的"中国景 中国情.pptx"文件,按照如下要求进行操作:

① 给所有幻灯片主题设置为"主要事件"。

② 将幻灯片背景的填充效果设置为"渐变填充"的"预设渐变"中的"顶部聚光灯-个性色 2",类型为"线性",方向为"线性向下"。

③ 在第五张幻灯片文本下方,插入图片"杭州西湖.jpg",并设置图片高 4 厘米、宽 16 厘米,位置:水平方向距离左上角 5 厘米,垂直方向距离左上角 13 厘米。设置第五张幻灯片中图片的动画效果为单击时从左上部飞入。

④ 将所有幻灯片的一级项目符号改成"➢"类型。

⑤ 在第八张幻灯片中,将标题"长江三峡"动画效果设置为单击鼠标时出现。

⑥ 设置所有幻灯片切换方式为揭开、时间 01:00、单击鼠标时换页、并伴有风铃声。

⑦ 在第一张幻灯片后插入一张版式为"两栏内容"的幻灯片,标题内输入文字"中国十大名胜古迹",字号"50""加粗""深红"。内容栏分别输入文字"万里长城,桂林山水,北京故宫,苏州园林,杭州西湖""安徽黄山,长江三峡,台湾日月潭,避暑山庄,秦陵兵马俑",字号都设为"28 号"。

⑧ 为第 2 张幻灯片的文字建立超链接,分别指向具有该标题的幻灯片,设置已访问的超级链接为深蓝色。

⑨ 在最后一张幻灯片右下角,添加动作按钮"第一张",指向第一张幻灯片。

⑩ 将演示文稿放映方式设置为"演讲者放映(全屏幕)"。

⑪ 将制作好的演示文稿以原文件名保存。

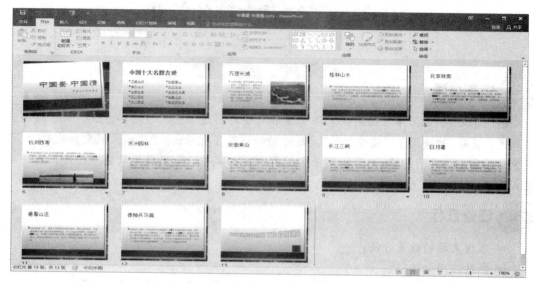

图 5.2.1　编辑效果图

 任务知识

一、幻灯片设计

(一) 主题

1. 主题

主题是包含演示文稿样式的文件(扩展名为.potx),包括项目符号和字体的类型和大小、占位符大小和位置、背景设计和填充、配色方案以及幻灯片母版和可选的标题母版。使用主题的目的是让演示文稿中所有幻灯片具有相同的页面样式。

主题可以使演示文稿拥有精美的外观,从视觉上带来全新的效果,系统中自带许多设计模板样式,它们是控制演示文稿统一外观最有利最快捷的一种手段。

主题的使用,在"设计"菜单中选择"主题",在主题中可以选择适合的主题,如图 5.2.2 所示。

图 5.2.2　"设计"→"主题"

选中主题即可应用于所有的幻灯片,如果默认的式样中没有合适的主题,也可以自己设计或者找一些喜欢的主题。自定义主题的设置,先要找到合适的模板,也就是.potx 文件,然后在"浏览主题"中可以选择自己找到的主题样式,如图 5.2.3 所示。

图 5.2.3　浏览主题

2. 颜色

在 PowerPoint 选项卡中的颜色是指各种颜色按照设定巧妙搭配,使幻灯片显示得更加清晰美观。每一种设计模板都自带一种配色方案,标题文字、文本内容的颜色都由相应的配色方案进行设置。主题设置好之后也可以根据自己的需要调整,在主题右侧"变体"栏可选择颜色,打开"颜色"选项卡,如图 5.2.4 所示。

这些颜色都是设置好的配色方案,如果这些方案不合适,或者需要调整某个部分的颜色,也可以打开"自定义颜色"来单独调整某一部分的颜色,比如超级链接的颜色、强调文字的颜色等,如图 5.2.5 所示。

图 5.2.4　颜色

图 5.2.5　新建主题颜色

3. 字体

"主题"选项卡的右侧还有"字体"选项卡,可以设置幻灯片中文字的默认的字体,如图5.2.6所示,也可以根据需要,点击"自定义字体",另外设置正文和标题的字体,如图 5.2.7所示。

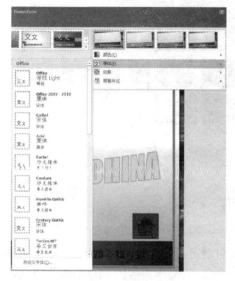
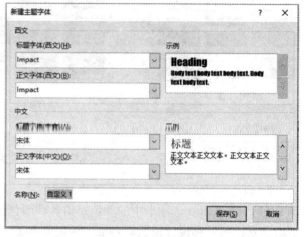

图 5.2.6　主题字体　　　　　　　图 5.2.7　新建主题字体

4. 效果

内置效果主要有细微固体、烟灰色玻璃、发光边缘等,如图5.2.8所示。

图 5.2.8　效果

5. 背景样式

演示文稿的背景样式对于整个演示文稿的外观是非常重要的。用户可以根据需要打开"设置背景格式"窗格设置填充色,添加底纹、图案、纹理或图片,添加艺术效果,如图5.2.9所示。

图 5.2.9 背景样式

6. 创建新的设计模板

设计好的幻灯片模板是可以单独存放的，以便以后使用。可以将 PowerPoint 文件直接保存为幻灯片模板，在"文件"→"另存为"命令中，另存为的类型保存为模板即可，如图 5.2.10 所示。

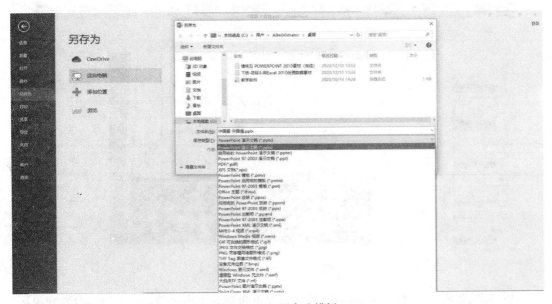

图 5.2.10 另存为模板

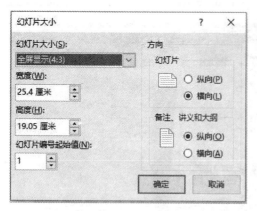

图 5.2.11　幻灯片大小

（二）页面设置

幻灯片也可以设置页面，如整个幻灯片的大小，特别是需要打印时，可以设置 A4 大小，还可以设置宽度高度，幻灯片的方向等，在"设计"菜单中，选择"自定义"选项卡中的"幻灯片大小"下拉菜单中的"自定义幻灯片大小"，打开"幻灯片大小"对话框，如图 5.2.11 对话框。

（三）母版

幻灯片母版是存储有关应用的设计模板信息的幻灯片，包括字形、占位符大小或位置、背景设计和配色方案。

设置幻灯片母版就是设置幻灯片的样式，可以设置各种标题文字、背景、属性等。在母版上的设置可以更改整个演示文稿所有幻灯片的设计。在 PowerPoint 中有 3 种母版：幻灯片母版、讲义母版、备注母版。

1. 幻灯片母版

一个演示文稿一般包括标题幻灯片和普通幻灯片，因此幻灯片母版也包括标题母版和普通幻灯片母版。标题母版控制所有标题幻灯片的属性，而幻灯片母版分别控制除标题幻灯片之外其他各种版式的幻灯片的格式。

选择"视图"菜单中的"母版视图"菜单项中的"幻灯片母版"，即打开幻灯片母版，在左侧的母版列表中有"标题幻灯片版式""标题和内容版式""节标题版式"等，可以选择要修改的版式，在右侧会显示母版幻灯片，如图 5.2.12 所示。

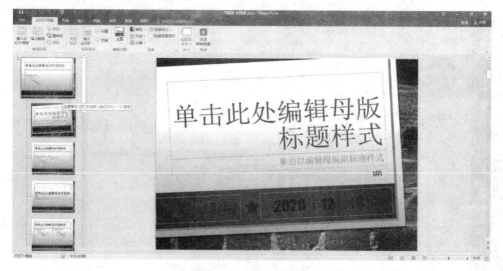

图 5.2.12　幻灯片母版

以"标题和内容"幻灯片母版为例，默认情况下包括 5 个占位符，分别是标题区、对象区、日期区、页脚区和数字区。利用该母版可以进行有关字体的各种参数设置，如标题和正文的字体、字形、字号、颜色以及效果等，还可进行图形美化，如插入图片或绘制图形。

单击"幻灯片母版"菜单中的"关闭母版视图"即可退出母版。

2. 讲义母版

讲义母版用于格式化讲义,如果用户需要更改讲义中页眉页脚中的文本、日期或页码的外观、位置和大小,就要使用讲义母版,如图 5.2.13 所示。

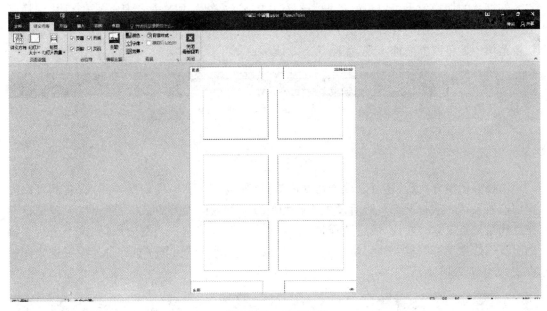

图 5.2.13 讲义母版

3. 备注母版

备注母版主要功能是格式化备注页,除此之外还可以调整幻灯片大小和位置,如图 5.2.14 所示。

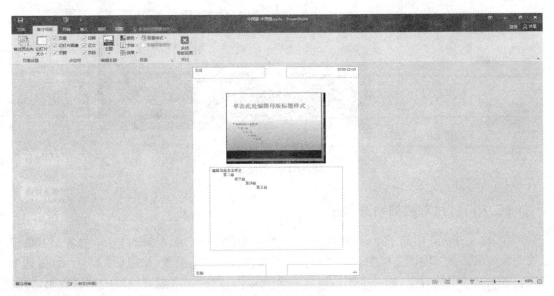

图 5.2.14 备注母版

二、设置幻灯片动画效果

（一）幻灯片切换

幻灯片的切换效果可以更好地增强幻灯片的播放效果，切换是指从一张幻灯片切换到另一张幻灯片时采用的各种动态方式，这是一种加在幻灯片之间的一种特殊的动态效果，在切换菜单中就可以方便地实现，如图 5.2.15 所示。

图 5.2.15　切换

选择好切换方式后，还可以设置切换的效果，如设置"揭开"的切换方式，在右侧可以设置切换效果，如"从右上部"，然后设置声音和持续时间，在"换片方式"中还可以设置是自动换片还是单击鼠标时换片，最后选择是否"全部应用"，如果选择全部应用，则这个演示文稿的所有幻灯片都是以相同的切换方式放映，如果不选，则只对当前一页幻灯片设置这个切换方式，如图 5.2.16 所示。

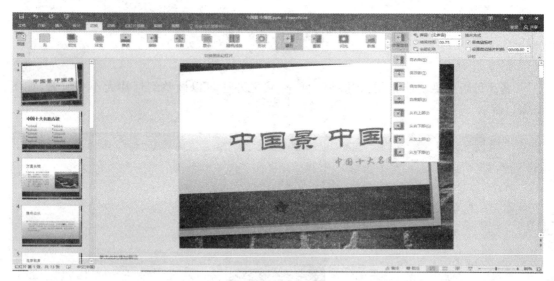

图 5.2.16　切换效果

（二）幻灯片对象的动画效果

在 PowerPoint 中除了可以设置幻灯片的切换效果外，还可以给幻灯片中的各个对象设置动画效果。在"动画"菜单中就可以对各个对象进行动作的设置，如图 5.2.17 所示，先选中要设置动画效果的对象，如一个图片或者一个文本框，然后选取想要设置的动画效果，再对动画进行效果的设置，如对图片做"飞入"效果，选中的图片左上角会有一个"1"的标志，动画可以设置效果，如图 5.2.18 所示，其他设置和幻灯片切换效果差不多。

图 5.2.17　动画菜单

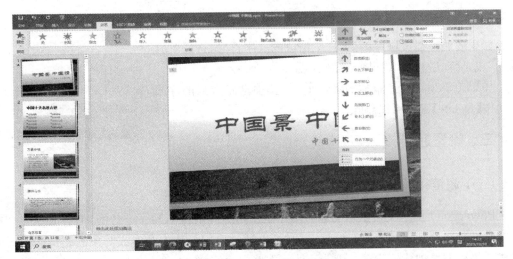

图 5.2.18　"飞入"效果设置

　　每个对象可以设置一种或者多种动画效果,当对同一对象需要设置两种以上动画效果是,选择右侧的"添加动画",这时可以设置两种以上的效果,如图 5.2.19 所示。

图 5.2.19　添加效果

　　添加效果以后,图片左侧会出现"1""2"两个数字,如图 5.2.20 所示,动画播放按照 1、2、3……的顺序来完成播放。

图 5.2.20 动画效果

　　如果要调整播放顺序的话,选中播放的次序符号,选择"向前移动"或是"向后移动",如图 5.2.21 所示。

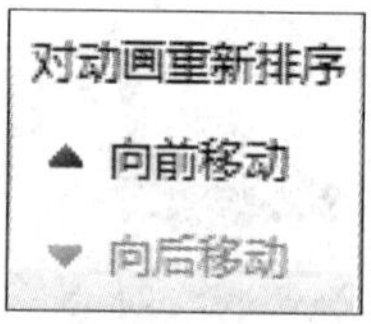

　　如果想要删除已经添加的动画效果,选中动画效果的序号,直接按【Delete】键就可以删除。

```
对动画重新排序
  ▲ 向前移动
  ▼ 向后移动
```

图 5.2.21 播放顺序的调整

三、设置超链接

(一) 超链接

　　PowerPoint 演示文稿默认的播放顺序是按幻灯片的排列顺序进行的,但有时需要在播放的时候跳转到某些特定的幻灯片,这时可以通过对幻灯片中文本或对象的超链接设置来完成。另外如果创建的演示文稿涉及外部文档中的信息,也可以使用 PowerPoint 提供的超级链接功能将外部文档链接到演示文稿中。

　　创建超级链接,其起点可以是幻灯片中的任何对象,包括文本、形状、表格、图形和图片等。如果是为文本创建超级链接,则在设置有超级链接的文本上会自动添加下划线,并且其颜色变为配色方案中指定的颜色。当单击此超级链接跳转到其他位置后,其颜色会发生改变,所以可以通过颜色来分辨访问过的超级链接。

　　设置超链接的步骤如下:

　　① 在编辑区中选中要设置链接的对象(文字、图形、图片等)。

　　② 在"插入"菜单选择"超链接"菜单项或者直接在需要设置超链接的对象上单击右键打开快捷菜单,选择"超链接",打开"插入超链接"对话框,如图 5.2.22 所示。

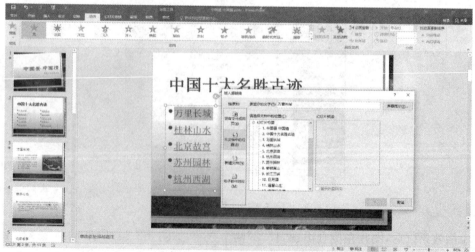

图 5.2.22 "插入超链接"对话框

③ 在"插入超链接"对话框左侧有 4 个选项,分别是"现有文件或网页""本文档中的位置""新建文档"和"电子邮件",根据需要选择设置不同的链接。例如需要链接到该演示文稿中的另一张幻灯片,则应单击"本文档中的位置",打开如图 5.2.23 所示对话框。

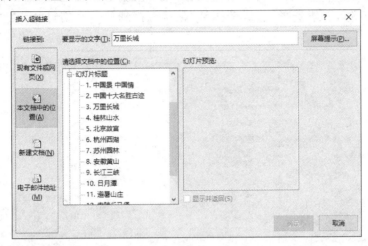

图 5.2.23　链接到本文档中的位置

④ 在"请选择文档中的位置"列表框中选择需要链接到的幻灯片,单击"确定"按钮,即完成该超链接的设置。

(二) 动作按钮

对文本、对象等添加超级链接,除了在文字图片上插入超级链接外,还可以用按钮建立超级链接,这种按钮被称为"动作按钮"。使用动作按钮也可控制幻灯片的播放顺序,方法如下:

在要添加动作按钮的幻灯片中,选择"插入"菜单中的"形状",选择"动作按钮",如图 5.2.24 所示。

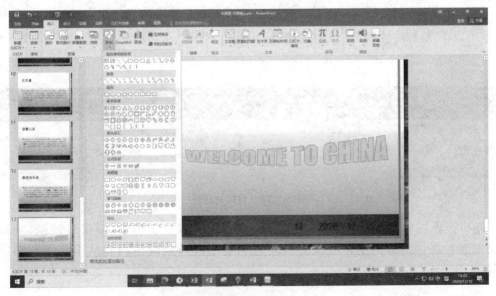

图 5.2.24　插入动作按钮

在动作按钮中有一组按钮,如"开始""结束""后退或前一项"等,例如选择"开始"按钮,鼠标成十字形,选择好要添加按钮的位置,拖动即可得到所需要的按钮,并打开"动作设置"对话框,如图 5.2.25 所示,在"动作设置"对话框中可以设置"单击鼠标"或"鼠标移动",然后选择动作,一般选择"超级链接到"默认链接到第一张幻灯片,也可以选择其他链接。

图 5.2.25　动作设置

四、幻灯片放映方式

演示文稿制作好之后就可以进行放映,可以直接按右下角的幻灯片放映按钮 直接播放,也可以在"幻灯片放映"菜单中选择"从头开始"或是"从当前幻灯片开始",如图5.2.26所示。

图 5.2.26　幻灯片放映

还可以设置放映方式,如图 5.2.27 所示,可以设置放映类型:演讲者放映、观众自行浏览和在展台浏览。还可以设置放映选项和幻灯片放映的内容从第几页到第几页等等。

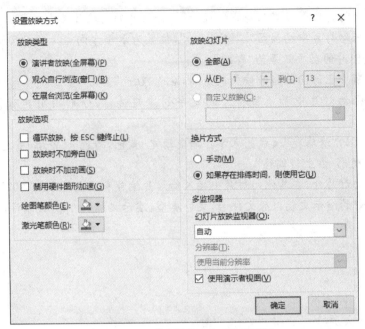

图 5.2.27 "设置放映方式"对话框

 **任务拓展**

打开素材文件夹实验 5.2 中的"绣球.pptx"文件,按下列要求进行操作:

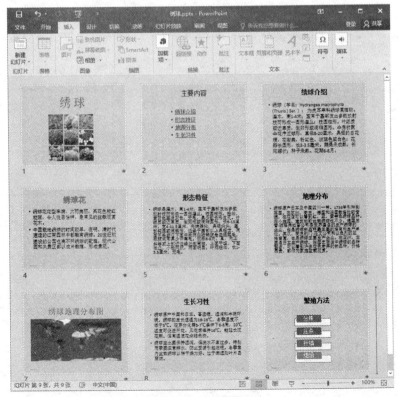

图 5.2.28 编辑效果图

① 将所有幻灯片背景设置为花束纹理,所有幻灯片的切换效果为水平随机线条。

② 在第一张幻灯片中插入图片"绣球.jpg",位置为水平方向左上角 6.6 厘米,垂直左上角 7 厘米,设置图片的动画效果为"弹跳"。

③ 设置主题中已访问的超链接颜色为"标准色-红色"。

④ 为第二张幻灯片中带项目符号的文字创建超链接,分别指向具有相应标题的幻灯片。

⑤ 将第四页的"绣球花"改成艺术字,"渐变填充-紫色,着色 4,轮廓-着色 4",设置艺术字形状效果为"阴影-右上斜偏移"。

⑥ 除标题幻灯片外,在其他幻灯片中插入幻灯片编号和固定的日期"2021 年 3 月"。

⑦ 将制作好的演示文稿以原文件名,文件类型:演示文稿(* .pptx)保存,存放于素材文件夹中。

任务三　PowerPoint 综合应用

 任务描述

中秋,学院网站开辟了专栏"我的家乡"。来自北京的小王同学决定向师生展现更全面的长城。她选用了主题,设置了背景,设置了动画和幻灯片的切换。因为放在网上,她将演示文稿的放映方式设置为"观众自行浏览(窗口)",还应用超链接和动作按钮,方便同学们浏览。她的作品受到了同学们众多的好评和点赞。

任务内容

调入素材文件夹"5.3"中的"实战演练 5.3.pptx"文件,完成下面实验内容:

① 将第一张幻灯片标题文字设为"华文新魏",88 号字,颜色为"红色,个性色 2,深色 25%",字符间距加宽 10 磅。

② 将所有幻灯片背景设置为画布纹理。

③ 所有幻灯片的切换效果为随机线条。

④ 在第五张幻灯片中插入图片"司马台.jpg",位置为水平方向左上角 13.5 厘米,垂直左上角 4 厘米,设置图片的动作路径为形状中的"菱形"。

⑤ 为第二张幻灯片中带项目符号的文字创建超链接,分别指向具有相应标题的幻灯片。

⑥ 设置已访问的超链接颜色为"标准色-红色"。

⑦ 第六张幻灯片中,图片设置动画"强调/跷跷板"。左侧文字设置动画"进入/曲线向上"。动画顺序改为先文字后图片。

⑧ 第七张幻灯片中,图片样式设为"金属椭圆",图片效果设为"发光-蓝色,18pt 发光,个性色 1"。

⑨ 在第八张幻灯片前插入一张版式为"标题和内容"的幻灯片。标题为"景观特点";内容区插入 6 行 2 列表格,表格样式为"中度样式 1-强调 2";第一列列宽 5 厘米,第二列列宽 18 厘米。第一行第一列,第二列内依次填入"景观"和"特色",参考素材文件夹中的文档"长城"的内容完成表格内容。第二到六行文字大小设为 26 磅。表格单元格边距上、下、左、右都设为 0.25 厘米。表格第一行和第一列的文字设为"居中"和"垂直居中"对齐方式,其他单元格文字设为"文本左对齐"和"垂直居中"对齐方式。

⑩ 将第九张幻灯片的版式改成"空白"。插入艺术字"万里长城永不倒","填充-橄榄色,着色 3,锋利棱台",字体为"华文琥珀",字号 80,颜色为"橙色,个性色 6,深色 25%"。设置艺术字形状效果为"映像-映像变体-全映像,8pt 偏移量"。

⑪ 除标题幻灯片外,在其他幻灯片中插入幻灯片编号和固定的日期"2020 年 9 月";同时显示幻灯片编号。

⑫ 利用幻灯片母版将第 2～8 张幻灯片标题颜色设为"深红色"。

⑬ 将演示文稿放映方式设置为"观众自行浏览(窗口)"。

⑭ 将制作好的演示文稿以文件名"万里长城.pptx",文件类型"演示文稿(∗.pptx)"保存,存放于素材文件夹中。

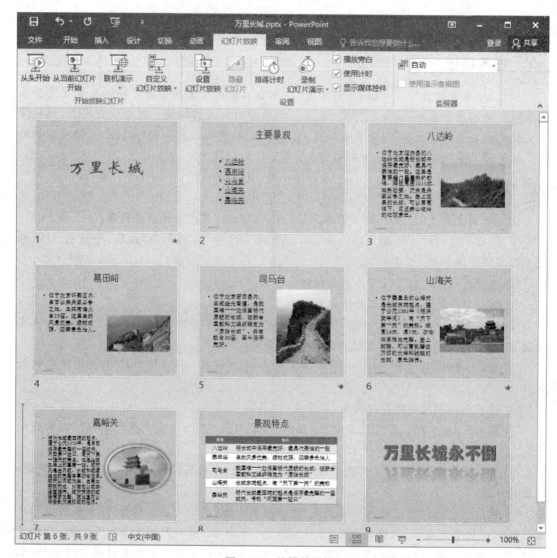

图 5.3.1 编辑效果图

任务拓展

利用本项目所学知识,设计一个演示文稿,主题为"我和我的祖国",标题自拟,要求如下:

① 搜集相关素材(鼓励原创),包括文字、图片、音频、视频。

② 文稿不少于 10 张幻灯片。

③ 设置目录幻灯片并做相应超链接。

④ 幻灯片页脚显示自己的班级和姓名。

⑤ 幻灯片中有文字,有图片,排版美观合理。

⑥ 根据需要应用主题,设置美观的背景。

⑦ 有适当的动画设置。

⑧ 应用幻灯片切换效果。

⑨ 设置动作按钮,在放映过程中可实现跳转。

项目六 计算机网络及因特网

项目描述

　　计算机网络特别是遍布全球的互联网(Internet,也称因特网),已经并且还在改变着我们的工作、学习和生活。计算机网络的发展水平不仅反映了一个国家的计算机和通信技术水平,而且已成为衡量其国力及现代化程度的重要标志之一。Internet(因特网)代表着当今计算机网络体系结构发展的重要方向,它已站在世界范围内得到广泛的普及与应用。所以,本项目会给大家介绍计算机网络的基础知识,对因特网的相关技术和应用以及网络安全相关知识也进行了介绍。

任务一　了解计算机网络

任务描述

　　日常生活、工作、学习等很多事情都与网络密不可分,为了能够更加知其然而知其所以然,就让我们先来了解下计算机网络的基础知识——到底什么是计算机网络? 它又是由什么构成的? 它除了我们知道的一些功能外还有什么其他的作用? 局域网作为最常用的网络,它到底又是什么? 让我们来各个击破吧!

任务目标

- ☞ 了解计算机网络的基本概念和发展过程;
- ☞ 了解计算机网络的组成和主要功能;
- ☞ 了解局域网相关知识。

任务知识

一、计算机网络概述

(一) 什么是计算机网络

　　计算机网络是利用通信设备和网络软件,把功能独立的多台计算机以信息传输、共享资源和协同工作为目的连接起来的一个系统。

　　为什么要将计算机互联成计算机网络呢? 一般来说,计算机联网的目的主要有以下几个方面：

① 数据通信。例如，收发电子邮件、用微信聊天、开视频会议等。

② 资源共享。这是计算机网络最具吸引力的功能。例如，浏览网页、下载音乐。

③ 实现分布式信息处理。如网上银行、网络购物。

④ 提高计算机系统的可靠性和可用性。网络中的计算机可以互为后备，一旦某台计算机出现故障，它的任务可由网络中其他计算机取代。

（二）计算机网络的分类

计算机网络有多种不同的类型，分类方法很多。例如，按照传输介质可分为有线网和无线网，按网络的使用性质可分为公用网和专用网等。更多情况下，按照网络所覆盖的地域范围把计算机网络分为：

局域网（LAN），是一个单位、一栋楼、一个宿舍内组建的小型网络，覆盖范围小、速度快，应用广泛。

城域网（MAN），是一个城市、一个地区组建的网络，覆盖范围一般介于局域网和广域网之间。各个城市"智慧城市"项目，实际上就是一个城域网，把城市里的所有公共设施通过网络连接起来，进行数据采集、信息共享，并合理调配公共资源，提升城市的文明程度。

广域网（WAN），可以是一个国家或者几个洲组建的网络，覆盖范围很广，结构也最复杂。

（三）计算机网络的基本组成

无论哪种类型的计算机网络，一般由下列几个部分组成。

计算机（终端设备）。这是网络的主体。随着家用电器的智能化和网络化，越来越多的数码设备如手机、电视机（借助机顶盒不仅可以看电视，而且能接入互联网）、监控报警设备等都可以统称为网络的终端设备。

数据通信链路。用于数据传输的双绞线、同轴电缆、光缆，以及为了有效而可靠地传输数据所必需的各种通信控制设备（如网卡、集线器、交换机、调制解调器、路由器等），它们构成了计算机与通信设备、计算机与计算机之间的数据通信链路。

网络协议。为了使网络中的计算机能正确地进行数据通信和资源共享，计算机和通信设备必须共同遵循的一组通信规则和约定，这些规则和约定成为协议。例如，海洋航行中的旗语，不同颜色的旗子组合代表了不同的含义，只有双方都遵守相同的规则，才能够理解对方旗语的含义，并且给出正确的应答。

网络操作系统和网络应用软件。目前网络操作系统主要有三类：一是 Windows 系统的服务器版，如 Windows NT Server 系列；二是类 UNIX 系统，它的稳定性和安全性好；三是 Linux 操作系统，其最大的特点是源代码开发，可以免费得到许多应用软件。

为了提供网络服务和开展各种网络应用，服务器和终端计算机还必须安装和运行网络应用程序。例如电子邮件程序、浏览器程序、微信等，它们为用户提供了各种各样的网络服务和应用。

（四）网络的连接设备

1. 网卡

网卡也叫网络接口卡，或者网络适配器，它是计算机与局域网相互连接的接口，分为有线网卡和无线网卡,如图 6.1.1 所示,前者可以连接有线网络,后者可以连接无线网络。网络上的每台设备都有网卡,每块网卡都有一个全球唯一的地址码,称为 MAC 地址,用来识别网络中计算机的身份,是计算机在网络中的物理地址。网卡出厂前,就被烧录在其中的 ROM 存储器中,MAC 地址类似于身份证号码,不会随着地理位置的移动而改变。

图 6.1.1　有线网卡和无线网卡

2. 调制解调器

调制解调器(MODEM)就是我们常说的"猫",如图 6.1.2 所示。它是模拟信号和数字信号的"翻译官"。电子信号分为两种,一种是"模拟信号",一种是"数字信号"。PC 上面存储的是数字信号,为了使信号传得更远,把信号放在公共电话网上传输,而公共电话网上传输的是模拟信号,所以需要一个设备把数字信号翻译成模拟信号,这个过程叫"调制"。当 PC 获取接收信息时,又要把模拟信号转换成数字信号,这个过程叫"解调"。一般收发信号都是双向的,所以 MODEM 是同时具备调制和解调功能的设备。

图 6.1.2　调制解调器

3. 交换机

交换机是信号的转发设备,它可取代集线器,具有端口多、速度快的特点,还增加了路由选择的功能,如图 6.1.3 所示。对于家庭或者办公网络的用户来说,建议将所有的计算机通过网线连接到交换机上,实现数据的交换。交换机是最常用的局域网通信设备。

图 6.1.3　交换机

4. 路由器

路由器是网络与网络之间的连接设备,可以连接两个局域网,也可以连接两个广域网,所以路由器具有判断 IP 地址和选择路径的功能,它构成了互联网的骨架,如图 6.1.4 所示。

图 6.1.4　路由器

二、了解局域网

局域网常见于公司、学校、机构和家庭,是计算机网络中最流行的一种形式。

(一)局域网的特点

(1)范围小。为一个单位(甚至家庭或个人)所拥有,自建自管,地理范围有限。

(2)传输速率高、误码率低。数据传输速率高(10 Mbps~10 Gbps),延迟时间短,误码率低。

(3)易于维护。局域网传输线路一般是同轴电缆、双绞线等,投资较少、成本较低,易于维护和扩展。

(二)局域网的类型

局域网有多种不同的类型。按照它所使用的传输介质,分为有线网和无线网;按照网络中各种设备互连的拓扑结构,可以分为星型网、环形网、总线网、混合网等;按照传输介质所访问控制方法,可以分为以太网、FDDI 网和令牌网。

1. 总线型拓扑结构

总线型网络采用单根传输线作为传输介质,所有的站点都直接连接到总线上,如图6.1.5所示。任何一个站点发送的信号都可以沿着介质传播,而且能被其他所有站点接收。总线拓扑的优点是:结构简单,容易布线;节点容易扩充和删除;单个节点故障不会影响整个网络。总线拓扑的缺点是:依赖总线;所有节点共享总线带宽;安全性差;不适用于实时通信。

2. 星型拓扑结构

星型拓扑结构网络由中心节点和其他从节点组成,中心节点可直接与从节点通信,而从节点间必须通过中心节点才能通信,如图 6.1.6 所示。在星型网络中,中心节点通常由交换机充当,因此网络上的计算机之间是通过交换机来相互通信的,是最常见局域网最常见的方式。这种结构的优点是结构简单、建网容易、故障诊断与隔离较简单;缺点是一旦交换机出现故障,会导致整个网络瘫痪。

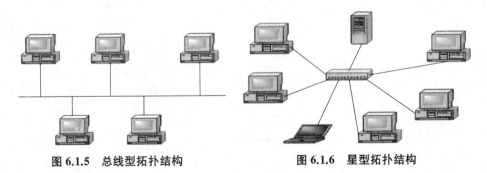

图 6.1.5 总线型拓扑结构　　　　图 6.1.6 星型拓扑结构

3. 环型拓扑结构

在这种网络结构中各设备是直接通过电缆来串接的,最后形成一个闭环,如图 6.1.7 所示。信息沿着环做单向传送,这种结构的优点是路线固定、实现简单、电缆长度短、成本低;缺点是任何一个结点出现故障都会引起整个网络的瘫痪,并且故障的诊断需要逐点进行,诊断困难。

4. 树型拓扑结构

由星型结构演变而来,是一种多级的星型结构,计算机按层次进行连接,构成树状结构,如图 6.1.8 所示。树根和树节点采用交换机,叶子节点就是计算机,叶子节点发送的信息先传送到根节点,再由根节点传送到接收节点,每条通信线路都必须支持双向传输。

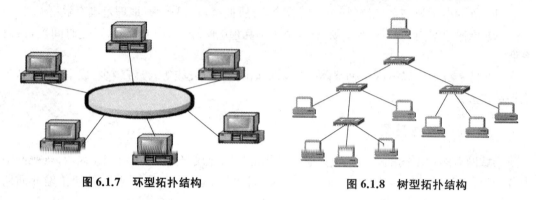

图 6.1.7　环型拓扑结构　　　　　　图 6.1.8　树型拓扑结构

(三) 局域网的组成

局域网包括硬件和软件组成。其中硬件包括网络工作站(PC、智能手机、摄像头等)、网络服务器(网络的服务中心,用来管理网络中的共享资源)、网络接口卡、传输介质(双绞线、光纤等)、网络连接设备(中继器、集线器、交换机、网桥等)等。

任务二　了解因特网

任务描述

因特网代表着当今计算机网络体系结构发展的重要方向,它已在世界范围内得到广泛的普及和应用。人们可以使用因特网浏览信息、查找资料、读书、购物,甚至可以进行娱乐、交友,因特网正迅速地改变人们的工作方式和生活方式。所以,我们就来了解下因特网吧。

任务目标

☞ 了解因特网的发展过程和组成;
☞ 了解因特网的接入;
☞ 了解网络的分层体系结构;
☞ 了解 IP 地址和域名系统;
☞ 了解因特网的常用服务。

任务知识

一、Internet 的发展过程和组成

Internet 的中文译名为因特网,专指前身为美国 ARPA 网,使用 IP 协议将各种实际网络联结而成的逻辑上的单一网络。

(一) 因特网发展的 3 个阶段

第 1 阶段:起源于 1969 年美国国防部的 ARPANET 网(4 个大学互联),1983 年确定 TCP/IP 协议作为 ARPANET 的标准协议。

第 2 阶段:20 世纪 90 年代起,美国政府机构和公司的计算机也纷纷入网,建成了由主干网、地区网和校园网(或企业网)三级结构组成的因特网。

第 3 阶段:迅速扩广到全球约 100 多个国家和地区,逐渐形成了多层次 ISP 结构的因特网,出现了因特网服务提供商(ISP)。

(二) Internet 组成

因特网有两大组成部分:边缘部分和核心部分,如图 6.2.1 所示。边缘部分,由所有连接在因特网上的主机组成。这部分是用户直接使用的,用来进行通信和资源共享。核心部分,由大量网络和连接这些网络的路由器组成,它们是为边缘部分服务的(提供连通性和交换)。

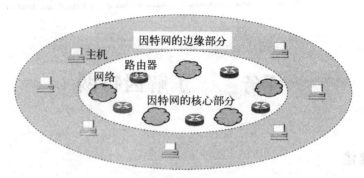

图 6.2.1　因特网的组成

二、因特网的接入

随着互联网的快速发展,大量的局域网和个人计算机用户需要接入互联网。目前,我国中心城市采用的做法是,由城域网的运营商作为 ISP(互联网服务提供商,如南通移动、南通电信等)来承担互联网的用户接入任务。

用户连接到接入网,接入网解决的是"最后一公里"问题。单位用户和家庭用户可以通过电话线、有线电视电缆、光纤、3G/4G 无线信道等不同传输技术组成的接入网接入到城域网,再由城域网接入互联网。

(一)电话拨号接入

过去,家庭计算机连接互联网最简便的方法是利用本地电话网。计算机的输入、输出都是数字信号,而现有的电话网用户线仅适合传输模拟信号,因此必须使用调制解调器(MODEM)把计算机送出的数字信号调制成适合在电话用户线上传输的音频模拟信号。电话 MODEM 的数据传输速率最高只有 56 kbps,且上网的同时不可以打电话,它与电话一样按照时间来进行收费,价格比较贵,现在几乎无人使用。

(二)ADSL 接入

通过电话线接入互联网的技术中,最有效的一种是 ADSL 接入技术,ADSL 全称"不对称数字用户线",它是为接收信息远多于发送信息的普通用户而设计的一种技术,下行数据的传输速率比上行流高。它仍然利用普通电话线作为传输介质,只需要在线路两端加装 ADSL 设备(专用的 ADSL MODEM)。

ADSL 的特点是:

① 一条电话线可同时接听、拨打电话并进行数据传输,两者不影响;

② 虽然使用的还是原来的电话线,但 ADSL 传输的数据并不通过电话交换机,所以不需要付交额外的电话费;

③ 数据的传输速率是根据线路的情况自动调整的,它以"尽力而为"的方式进行数据传输。

(三)有线电视接入

有线电视网接入,有线电视已广泛采用光纤同轴电缆混合网(hybrid fiber coaxial,

HFC)进行信息传输(主干线路采用光纤连接到小区,然后用同轴电缆以总线方式接入用户)。需要的设备是电缆调制解调器(cable MODEM)。它的原理和 ADSL 类似,将同轴电缆的整个频带划分为三个部分,分别用户数据上传、数据下载及电视节目的下传。

小区内多个用户共享信道。所以传输速率受并发用户数多少的影响。

(四) 光纤接入

使用光纤作为计算机接入网络的主要传输介质,叫作光纤接入技术,分为:

光纤到小区(FTTZ)。将光网络单元放置在小区,为整个小区服务。

光纤到大楼(FTTB)。将光网络单元放置在大楼内,以每栋楼为单位,提供高速数据通信、远程教育等宽带业务,主要为单位服务。

光纤到家庭(FTTH)。将光网络单元放置在楼层或用户家中,由几户或 1 户家庭专用,为家庭提供宽带业务。

(五) 无线接入

随着无线通信技术的发展,用户不受时间地点的约束,随时随地访问互联网已经成为现实。目前采用的无线接入互联网技术有五类:无线局域网接入技术(WLAN)、GPRS 移动电话网接入、3G 移动电话网接入、4G 移动电话网接入、5G 移动电话网接入。五种无线接入技术的比较,如表 6.2.1 所示。

表 6.2.1　各类无线接入技术对比

接入技术	使用的接入设备	数据传输速率	说明
无线局域网(WLAN)接入	Wi-Fi 无线网卡、无线接入点	11~100 Mbps	必须在安装有接入点(AP)的热点区域中才能接入
GPRS 移动电话网接入	GPRS 无线网卡、GSM 手机	56~114 kb/s	方便,有手机信号的地方就能上网,但速率不快,费用较高
3G 移动电话网接入	3G 无线网卡、3G 手机	几百 kbps~几 Mbps	方便,有 3G 手机信号的地方就能上网,但费用较高
4G 移动电话网接入	4G 无线网卡、4G 手机	几十~100 Mbps	方便,有 4G 手机信号的地方就能上网,传输速率快
5G 移动电话网接入	4G 无线网卡、5G 手机	几百 Mbps~1.5 Gbps	方便,有 5G 手机信号的地方就能上网,传输速率更快

三、网络的分层结构

计算机网络是一个非常复杂的通信系统,为了减少设计上的错误,计算机网络采用分层次的思想,将复杂的通信过程分解成不同的层次,每个层次的任务相对单一,易于实现。即通过分而治之的方法解决复杂的大问题。在分层结构中,网络中所有的计算机都具有相同的层次数,不同计算机的同等层次具有相同的功能。每一层都有相应的协议来完成本层的功能。

当前占主导地位计算机网络体系结构有 OSI 参考模型和 TCP/IP 分层结构。

图 6.2.2　OSI 七层参考模型

（一）OSI 参考模型

全称开放式系统互联参考模型，"开放"是指任何不同计算机系统，只要遵循该标准，就可以和统一遵循这一标准的任何计算机系统通信。具体的，OSI 模型分为七层，从下到上依次为：物理层、数据链路层、网络层、传输层、会话层、表示层、应用层，如图 6.2.2 所示。

但是实际应用中，由于 OSI 参考模型层次划分过多，实现起来比较复杂，现在 Internet 中使用的实际上是 TCP/IP 分层结构。

（二）TCP/IP 分层结构

TCP/IP 模型是一个四层的体系结构，从下到上依次为网络接口层、传输层、网络层、网络接口层。TCP/IP 模型和 OSI 参考模型的对应关系如图 6.2.3 所示。

国际标准(7层)	因特网标准(4层)	
应用层	应用层	Telnet、FTP、SMTP、DNS、HTTP 以及其他应用协议
表示层		
会话层		
传输层	传输层	TCP、UDP
网络层	网络层	IP、ARP、RARP、ICMP
数据链路层	网络接口层	各种通信网络接口
物理层		

图 6.2.3　TCP/IP 参考模型与 OSI 参考模型对照

TCI/IP 分层结构包含了上百个各种功能的协议，成为 TCP/IP 协议栈，其中 TCP（传输控制协议）和 IP（网际协议）是其中两个最重要的协议，因此，Internet 网络体系结构就以这两个协议进行命名。

① 应用层。向用户提供一组常用的应用程序，如电子邮件、文件传输、远程登录等。应用层常用的协议有：Telnet（远程登录协议）、FTP（文件传输协议）、SMTP（简单邮件传输协议）、DNS（域名解析系统）、HTTP（超文本传输协议）以及其他应用协议。

② 传输层。提供端到端可靠传输的通信。传输层的两大主要协议是 TCP（传输控制协议）和 UDP（用户数据报协议）。TCP 提供可靠的面向连接的服务，通信双方必须建立连接之后才可通信，发送方将数据按顺序发给接收方，接收方也是顺序接收，通信完毕，释放连接。UDP 是提供无连接的服务。

③ 网络层。负责相邻计算机之间的通信。网络层常用的协议有：IP（网际协议）、ARP（地址转换协议）、RARP（反向地址转换协议）、ICMP（控制报文协议）。其中 IP 协议是核心，它提供的面向无连接、不可靠的、尽最大努力投递的服务。

④ 网络接口层。负责从网络层接收 IP 数据报并通过网络发送出去，或者从网络上接收物理帧，抽取出 IP 数据报交给网络层。

四、IP 地址

如果一台计算机要接入 Internet,必须满足三个条件:有效的物理连接、计算机上安装并设置 TCP/IP 协议、拥有有效的 IP 地址。什么是 IP 地址? 为什么它是我们能够上网的必备条件呢?

IP 地址是 IP 协议提供的一种地址格式,因特网上的每一个主机都要分配一个 IP 地址用来标识自己,它是一个逻辑地址,MAC 地址如果类似于身份证号,那 IP 地址就类似于门牌号码,它会因为位置的变动而改变,其目的是屏蔽物理网络的实现细节,使得因特网从逻辑上看起来是一个整体的网络。

(一) IP 地址格式

IP 地址是 32 位的二进制地址,它由两部分组成:网络号和主机号,如图 6.2.4 所示。这种结构可以很便地在因特网上寻址。先按网络号找到具体的物理网络,再按主机号定位具体的主机。类似于我们的学号分层结构一样,前几位代表了不同的学院,后几位代表了具体的年级、班级等信息。

网络号	主机号

图 6.2.4　IP 地址格式

为了书写和记忆的方便,我们通常用"点分十进制"表示,即将这 32 位二进制数分为 4 个字节(1 个字节等于 8 位),每个字节用 0～255 的十进制整数进行表示,数字之间用"."隔开。例如:10.6.100.69。

(二) IP 地址的分类

为了应对不同规模的网络,合理分配 IP 地址,将 IP 地址分为 ABCDE 五类,如图 6.2.5 所示,其中 A、B、C 三类最常用。

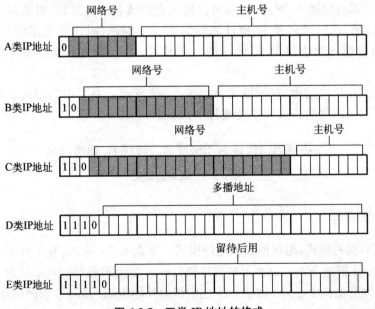

图 6.2.5　五类 IP 地址的格式

1．A 类地址

A 类地址由 1 个字节的网络号和 3 个字节的主机号构成。第一位固定为 0，第一个字节的有效十进制数范围是 1~126（其中 0 和 127 去掉），A 类地址适用于大规模、主机多的网络。

2．B 类地址

B 类地址由 2 个字节的网络号和 2 个字节的主机号构成。最高两位固定为 10，第一个字节的有效十进制数范围是 127~191，B 类地址适用于中规模网络。

3．C 类地址

C 类地址由 3 个字节的网络号和 1 个字节的主机号构成。最高三位固定为 110，第一个字节的有效十进制数范围是 192~223，C 类地址适用于小规模的网络。

D 类地址是多播地址，E 类地址保留未被使用。

五、域名系统

网络中的每一台主机都有一个 IP 地址，IP 地址用 4 个十进制数字来表示，不便记忆和使用，因特网采用域名（domain name）作为 IP 地址的文字表示，易用易记。例如：www.ntvu.edu.cn。通常访问学校的网站会使用这样的形式，而不是用 IP 地址去访问学校网站。学校的网址中 www 表示主机名，ntvu 代表网络名，edu 代表机构名，cn 代表国家，如图 6.2.6 所示。

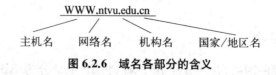

图 6.2.6　域名各部分的含义

域名和 IP 地址实际上是同一个东西，只是表示的形式不一样，在访问因特网上一个主机的时候，可以直接输入 IP 地址，也可以输入它的域名。但是，主机之间实际通信是通过 IP 地址进行的，所以域名和 IP 地址之间需要一个翻译，叫作域名系统（DNS），域名系统是将主机域名翻译为主机的 IP 地址的一个软件，运行域名系统的服务器叫作域名服务器。

域名系统采用层次结构，它的格式为如图 6.2.7 所示。书写中采用圆点将各个层次隔开，分层次字段，从右往左依次为顶级域名，2 级域名，3 级域名等。

5级域名.4级域名.3级域名.2级域名.顶级域名

图 6.2.7　域名的级别

（一）顶级域名

顶级域名有两种模式，组织模式和地理模式。如表 6.2.2 所示，有 7 种组织模式的顶级域名：com（表示工商企业）、edu（表示教育机构）、gov（表示政府部门）、mil（表示军事部门）、net（表示主要网络支持中心）、org（表示上述组织以外的组织）、int（表示国际组织）。地理模式是各个国家的表示，如：中国是 cn，美国是 us、日本是 jp 等。

表 6.2.2 顶级域名

顶级域名	分配给
com	商业组织
edu	教育机构
gov	政府部门
mil	军事部门
net	主要网络支持中心
org	上述以外的组织
int	国际组织
国家代码	各个国家

(二) 二级域名

二级域名是在顶级域名之下的域名。在组织模式顶级域名下,二级域名是指注册人的网上名称,例如 baidu,qq 等;在地理模式顶级域名下,二级域名是指各种组织和各个地区,以我国为例,cn 下面的二级域名如表 6.2.3 所示。

表 6.2.3 二级域名

划分模式	二级域名	分配给
类别域名(6 个)	ac	科研机构
	com	工、商、金融等企业
	edu	教育机构
	gov	政府部门
	net	互联网络、接入网络的信息中心和运行中心
	org	各种非营利性的组织
行政区域名(34 个)	bj	北京市
	sh	上海市
	tj	天津市
	cq	重庆市
	he	河北省
	sx	山西省
	nm	内蒙古自治区
	……	……

六、因特网提供的服务

因特网给用户提供了丰富的服务,比如:电子邮件(E-mail)、信息服务(WWW)、文件传输(FTP)、网络论坛(BBS)、即时通信(IM)等。下面我们来简单介绍几种常用到的服务。

（一）信息服务(WWW)

WWW 是遍布全球的网站互联而成的一个信息网络(空间)，用户可以方便地浏览、查找和下载其中的网页(信息资源)。物理上，由大量客户计算机和大量 Web 服务器构成。技术上有三要素：HTML(超文本标记语言，用户描述网页)、URL(统一资源定位符，俗称网址)、HTTP(超文本传输协议，用于客户机与服务器直接通信)。

（二）电子邮件(E-mail)

因特网上的用户，可以向邮件服务商申请开户，在开户的电子邮件服务器中就会获得一个属于自己的电子邮箱，通过电子邮箱就可以方便地收、发、阅读、删除图文、视频等信息。

（三）文件传输(FTP)

FTP 服务器上包含了大量的可共享文档、数据资源和软件(如共享软件和自由软件)，用户登录 FTP 服务器即可享用这些资源，前提是我们需要知道所需的资源具体在哪个 FTP 服务器上，我们可以通过 FTP 搜索引擎如"北大天网"去寻找 FTP 网站。

任务三　了解因特网的信息检索服务

 **任务描述**

　　互联网就像一个信息的海洋，一旦上网，面对浩如烟海的信息资源，往往有一种无从下手的感觉。所以，我们需要学会如何去搜索、浏览信息，并把这些信息下载保存下来，以便于日常的工作和学习。

任务目标

☞ 学会使用 IE 浏览器浏览网络信息；

☞ 了解常用的搜索引擎；

☞ 学会使用这些搜索引擎搜索、下载并保存自己想要的资料。

任务内容

　　完成全国计算机一级真题下载过程的步骤如下：

　　① 在地址栏中输入百度的网址 http://www.baidu.com，按【Enter】键进入百度主页，如图 6.3.1 所示。

图 6.3.1　百度主页

② 在百度首页的文本框中输入"全国计算机等级考试一级 ms office 真题",点击"百度一下",进入如图 6.3.2 所示的查询结果页面。

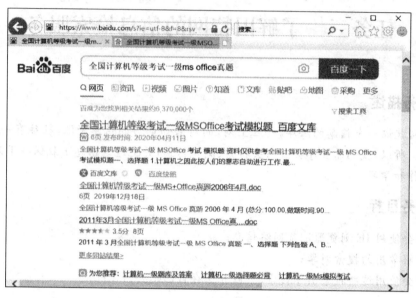

图 6.3.2　搜索结果 1

③ 单击相应的网址链接进入网页查看,如图 6.3.3 所示。

图 6.3.3　搜索结果 2

在浏览器右侧选择设置按钮，选择"文件"然后选择"另存为…",打开"保存网页"对话框,在保存网页对话框中,可以选择保存网页的位置、文件名及保存类型,如图 6.3.4 所示。

图 6.3.4 "另存为"对话框

任务知识

一、浏览与信息检索

打开 IE 后进入百度的界面: https://www.baidu.com/ 为地址栏，里面可以输入所需网址，分别为"主页""查看收藏夹、源和历史记录"和"工具"按钮。

选择"工具"按钮打开如图 6.3.5 所示快捷菜单，选择"Interent 选项"，可以打开如图 6.3.6 所示的"Interent 选项"对话框来设置 IE 浏览器。

图 6.3.5 工具快捷方式

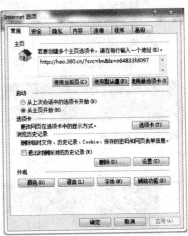

图 6.3.6 Internet 选项

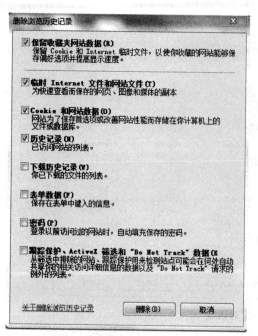

图 6.3.7 "删除浏览历史记录"

1. 更改默认的主页

IE 每次启动时，默认时都会打开一个主页，这个默认的主页可以由用户自己设置，使 IE 每次刚一执行就自动连上想浏览的地方。"主页"栏显示的 URL 就是默认的主页地址，"使用当前页"按钮使当前正在浏览的网页成为默认的启动页，"使用默认页"按钮恢复以前的默认设置。

2. "浏览历史记录"栏

在浏览网页后，想要清除历史记录，点击"删除"按钮，出现如图 6.3.7 所示对话框，可以勾选想要删除的内容，例如密码等。单击"删除"按钮即可删除。

二、下载和保存网页

网页，通常是 HTML 格式（文件扩展名为".html"".htm"".asp"".aspx"".php"".jsp"等）。网页由文字、图形、背景等组成，有的可能还包括动画和声音。

打开需要保存的网页，在浏览器右侧选择设置按钮 ，选择"文件"然后选择"另存为…"如图 6.3.8 所示，打开"保存网页"对话框，在保存网页对话框中，可以选择保存网页的位置、文件名及保存类型，如图 6.3.9 所示。在保存类型中，有四个选项可以选择，如图6.3.10所示，根据需要进行选择。

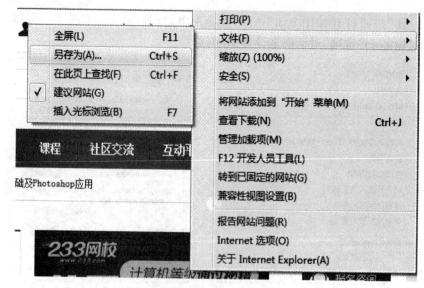

图 6.3.8 "文件"→"另存为"

图 6.3.9 "另存为"对话框

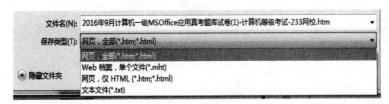

图 6.3.10 "保存类型"

① 网页,全部(.htm,.html):选择此项,会保存当前网页中所有内容,包括文字、图片、Flash 等等。在你选择的保存位置下会生成一个网页文件和一个与网页文件同名的文件夹,这个文件夹中保存的是当前网页的图片、Flash 等等。

② Web 档案,单一文件(.mht):选择此项,会把网页中所有内容存为一个以 mht 为后缀的文件,其中包括了网页中的文字、图片、Flash 等等所有东西,不会生成一个文件夹。

③ 网页,仅 html:选择此项,会生成一个 html 网页文件,其中只有当前网页的文字部分,没有图片、Flash 等其他东西。

④ 文本文件(.txt):会把网页上所有文字部分存为一个纯文本文件。

三、下载和保存图片

如果需要保存网页中的图片,可将鼠标移至要保存的图片上,单击右键,选择"图片另存为"功能,将图片保存到指定的磁盘上,如图 6.3.11 所示。

图 6.3.11 "图片另存为"

四、网页中部分文档的保存

如果要保存网页中的部分文字内容,可以直接使用复制粘贴的方法来完成,首先选中需要保存的文字,然后复制到文本文件或者是记事本中都可以,如果粘贴到 Word 文档,可以用"选择性粘贴"来保存文字内容,如果直接粘贴的话,网页中的表格等格式也会保留下来。

任务四　了解因特网的电子邮件服务

任务描述

电子邮件已经成为日常工作交流、传递信息情感、获取外界信息的重要工具。电子邮件还可以准确记录事项进程、讨论内容,有时候可以充当意见不合、起争端的证明等。所以我们应该了解电子邮件,如何注册邮箱,如何新建、收发电子邮件等。

任务目标

☞ 了解电子邮件的工作原理、相关协议以及电子邮件的格式;
☞ 学会申请免费的电子邮箱;
☞ 会使用 Outlook 处理邮件。

任务知识

一、电子邮件服务的工作原理、相关协议以及邮件格式

(一) 电子邮件服务的工作原理

邮件服务器由发件服务器和收件服务器两部分组成,发送服务器负责发送邮件,收件服务器负责接收和保存邮件,等待用户接收和阅读。邮件服务器中有注册用户的电子信箱,电子信箱实质是邮箱服务机构在服务器的硬盘上为用户开辟的存储空间。

(二) 电子邮件使用的协议

发件服务器遵循简单的邮件传输协议(SMTP),根据邮件地址分拣、传递最后传送到指定的收件服务器的信箱,收件服务器在电子信箱内暂存对方发来的邮件,当收件人发出接收信号后,位于电子信箱内的邮件就会传到用户的计算机上,用户可以打开阅读,也可以下载保存到"收件箱"文件夹中。收件服务器对邮件的管理采用第三代邮局协议(POP3),通过POP3 协议,用户才能从收件服务器中取回属于自己的电子邮件。

(三) 电子邮件格式

在 Internet 上,每个电子邮件用户都有电子邮件地址,称为 E-mail 地址,电子信箱地址有两部分组成,格式为:用户名@地址邮件服务器域名。

二、申请免费的电子邮件

（一）在 163 上申请免费电子邮箱

① 在浏览器地址栏中输入"mail.163.com"，并按【Enter】键，进入网易邮箱主页。如图 6.4.1 所示，单击"注册新账号"，进入网易邮箱申请页面。

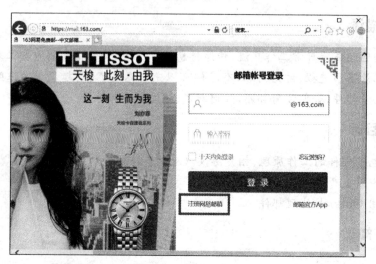

图 6.4.1　网易邮箱主页

② 如图 6.4.2 所示，按照要求填写好用户信息"邮箱地址""密码""手机号"，然后点击 "立即注册"按钮，即可以申请电子邮箱。

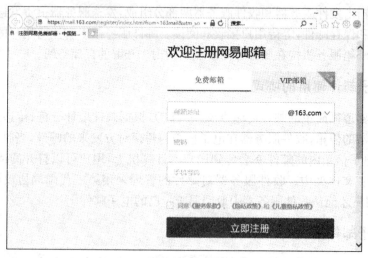

图 6.4.2　注册邮箱界面

（二）登录电子邮箱

打开浏览器，在地址栏输入"mail.163.com"，进入 163 邮箱的主页，如图 6.4.3 所示输入用户名和密码,单击"登录"按钮,登录邮箱。

图 6.4.3 登录邮箱界面

(三) 撰写、发送电子邮件

1. 纯文本

单击如图 6.4.4 所示"写信"按钮。

图 6.4.4 邮箱登录后页面

弹出的页面如图 6.4.5 所示,在"收件人"文本框中输入对方的 E-mail 地址,"主题"输入相应的标题。如果邮件的内容简短且是纯文本,可以直接在文本框中输入要发送的内容,再点击"发送"即可。

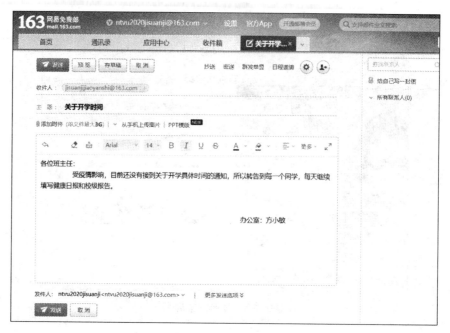

图 6.4.5 写信窗口

2. 有附件

如果所发送的邮件内容是一个文件,则需要利用"添加附件"进行发送。此时在填写完收件人邮件地址、主题等内容之后,单击"添加附件"超链接,弹出"选择要加载的文件"对话框,找到需要传送的文件,双击该文件,即可将该文件添加到附件中,如图 6.4.6 所示。如果同时需要传送多个附件,可以反复单击"添加附件"超链接,添加附件。

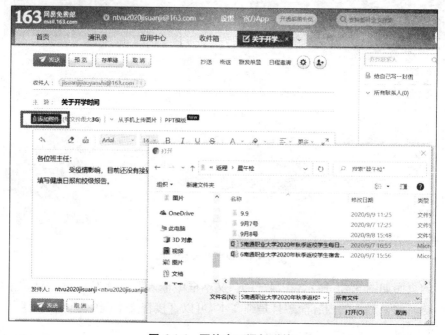

图 6.4.6 写信窗口添加附件

（四）收取电子邮件

如果要阅读收到的邮件，单击"收信"按钮，即可看到新邮件、邮件总数等。想看哪个邮件，在邮件名称上单击即可，如图 6.4.7 所示。

图 6.4.7 收件箱

三、使用 Outlook 处理邮件

（一）配置邮件账户

Outlook 2016 是一种邮件管理工具。因此，必须先设置自己申请的电子邮件地址与 Outlook 2016 建立连接，才可以用 Outlook 来操控邮箱。用户可以根据连接向导，使用以下方法添加自己的邮件账户具体操作如下：

① 在"添加新账户"对话框中，选择"手动配置服务器或其他服务器类型"，点击"下一步"，如图 6.4.8 所示。

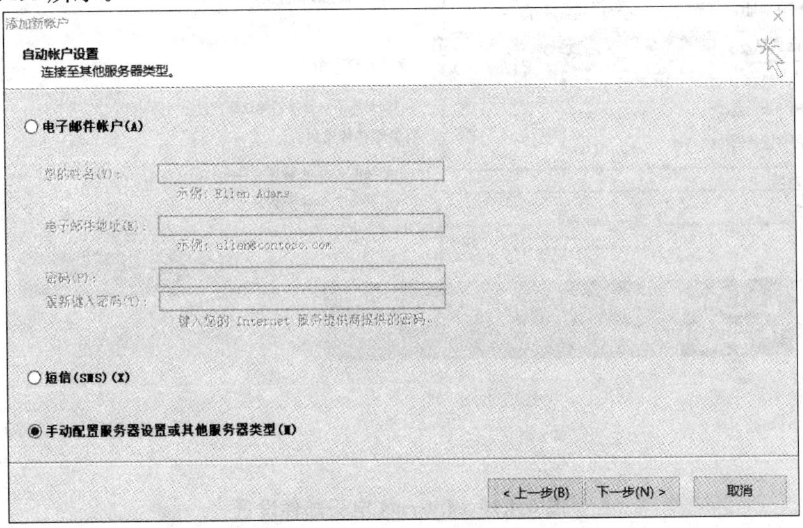

图 6.4.8 "添加新账户"窗口一

② 选择"Internet 电子邮件"选项,单击"下一步",如图 6.4.9 所示。

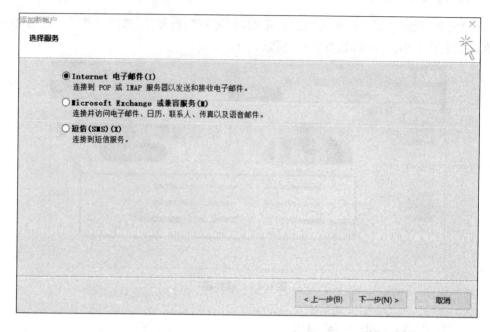

图 6.4.9　"添加新账户"窗口二

③ 填写如图 6.4.10 所示的几个项目。

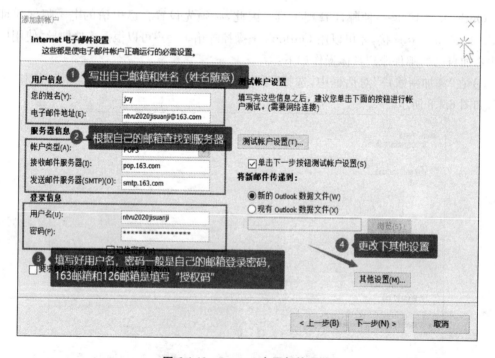

图 6.4.10　Internet 电子邮件设置

其中的"服务器信息"需要去所在的电子邮箱网站去查询并开启,如图 6.4.11 所示,同时 163 邮箱会返回给你一个"授权码"作为第三方的登录使用,比如我们的 Outlook 登录就会用到"授权码"作为密码。

图 6.4.11 网易邮箱的服务器开启页面

④ 填好图 6.4.10 中的①②③之后,需要单击"其他设置"按钮,选择"发送服务器"选项卡,如下图 6.4.12 所示,勾选"我的发送服务器(SMTP)要求验证"复选框。

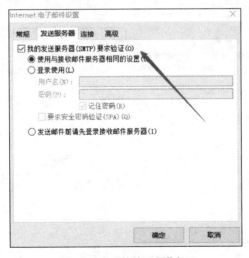

图 6.4.12 "其他设置"窗口

⑤ 最后进行"测试账户设置",通过后,单击"下一步"按钮,即完成添加账户。如图 6.4.13 所示。

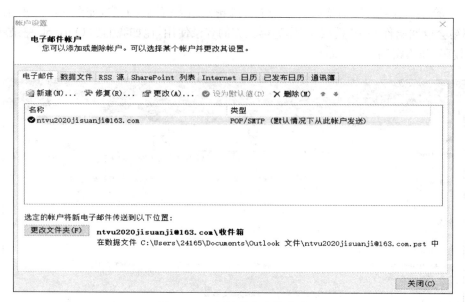

图 6.4.13　邮箱账户设置成功

(二) 新建联系人

如图 6.4.14 所示,在导航窗口中,单击"联系人"。

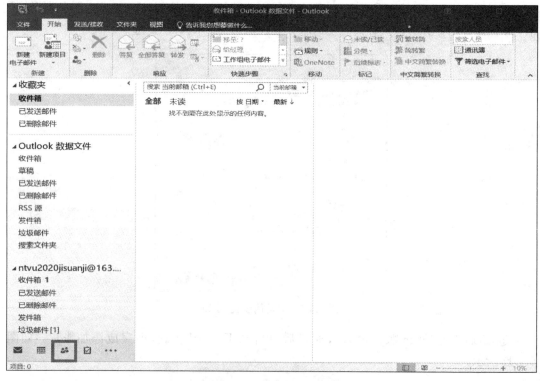

图 6.4.14　Outlook 主界面

如图 6.4.15 所示,在弹出的对话框中,单击"新建联系人"。

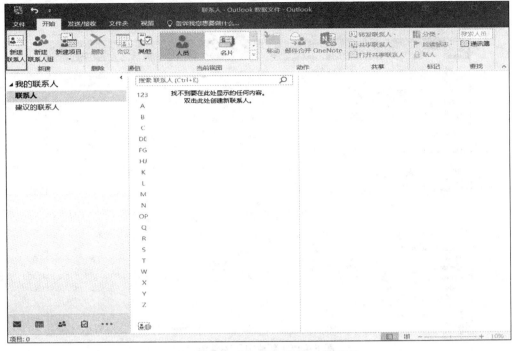

图 6.4.15　"开始"→"新建联系人"页面

此时,弹出一个"联系人"对话框,如图 6.4.16 所示。把相应的信息填写上,单击"保存并关闭"即完成了一个联系人的添加。

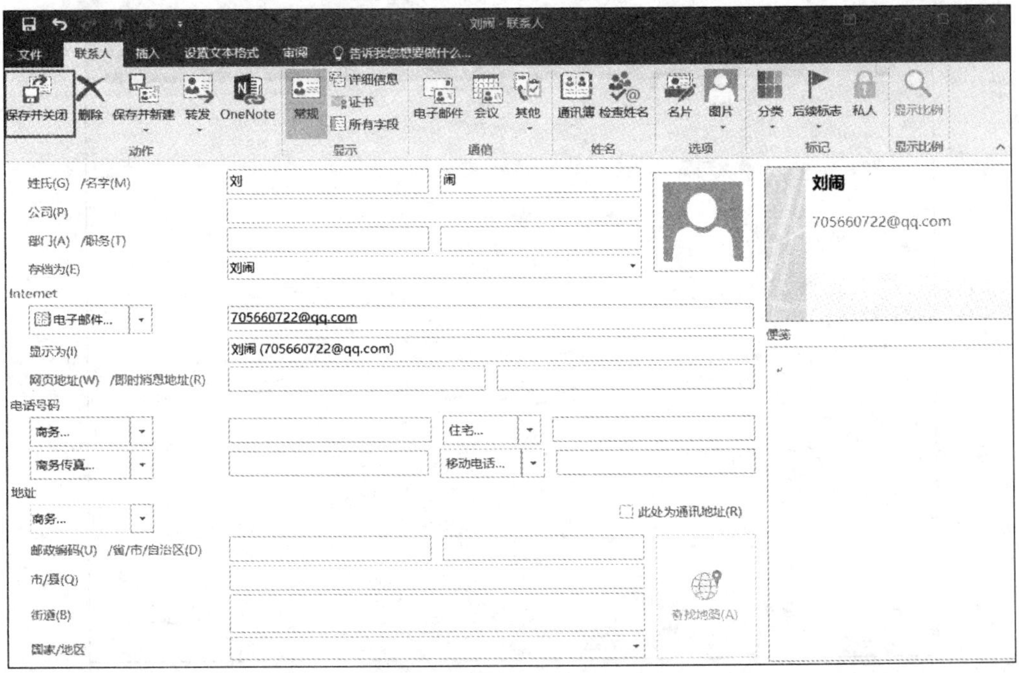

图 6.4.16　"联系人"→"常规"页面

（三）书写新邮件

单击 Outlook 主页面的"新建电子邮件"按钮，如图 6.4.17 所示。

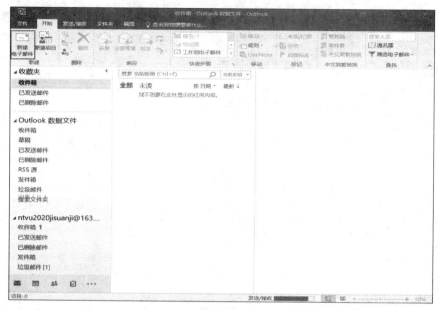

图 6.4.17　新建电子邮件窗口

如图 6.4.18 所示，在弹出的"邮件"对话框中，输入"收件人"邮箱地址、"主题"、在信件内容中输入需要发送的文字内容，如果有附件需要添加，可以单击"附加文件"按钮。完成相关内容输入之后，单击"发送"按钮，即完成了一封邮件的发送。

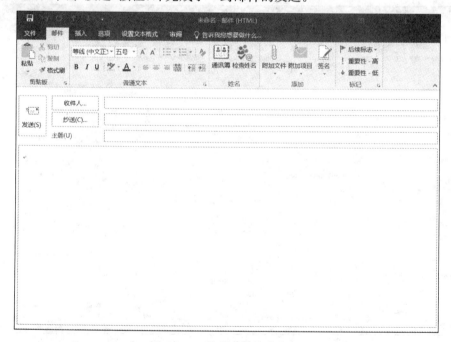

图 6.4.18　编辑邮件内容窗口

如图 6.4.18 所示,"收件人"按钮:是邮件发送的第一接收人。如果是多个收件人,地址之间要用分号隔开。

"抄送":发送给"收件人"邮件的同时,再向另一个或多个人同时发送该邮件。

"主题":输入邮件内容的主题,不可省略。

"邮件内容区":输入邮件的内容。除了文本的编辑外,还可以插入表格、信纸、图片、形状、艺术字等来丰富邮件的正文内容。

"附加文件":可以添加一个或多个附件。

(四) 接收并查看邮件

在启动 Outlook 2016 时,系统会自动接收邮件。如果需要重新接收邮件,可单击"发送/接收"按钮,如图 6.4.19 所示,就会在收件箱中看到刚接收的新邮件,双击该邮件,便可查看邮件内容。

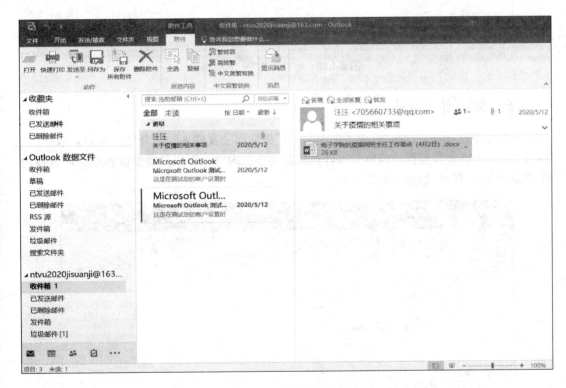

图 6.4.19 收发邮件窗口

如果邮件当中有附件,可以选中附件右击,如图 6.4.20 所示,单击"另存为"即可保存附件。

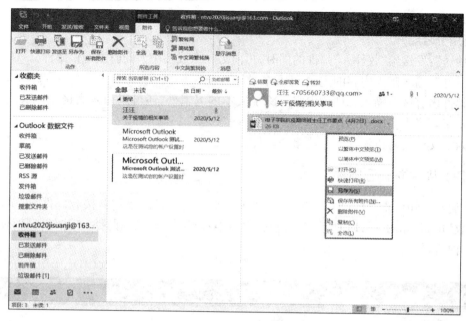

图 6.4.20　邮件附件"另存为"

（五）答复、转发邮件

浏览邮件后，单击"开始"选项卡中的"答复"按钮回复发件人。打开邮件窗口，"收件人"和"主题"文本框中将根据该接收的邮件信息自动添加内容。用户只需要编辑邮件内容或附件，单击"发送"即可，如图 6.4.21 所示。

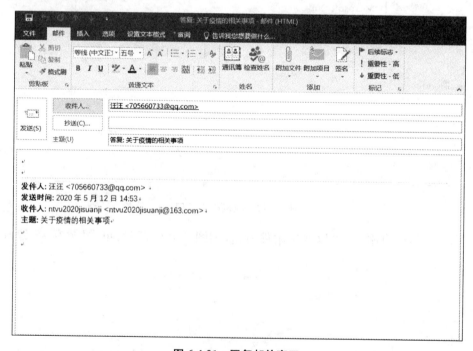

图 6.4.21　回复邮件窗口

　　浏览邮件后，单击"开始"选项卡中的"转发"按钮，转发该邮件。"主题"和"邮件内容"文本框将根据接收的邮件信息自动添加。用户只需在"收件人"文本框中输入收件人地址，单击"发送"即可。

（六）删除邮件

　　邮箱需要定期清理，若长时间不清理，会占用计算机资源。

　　删除邮件：进入收件箱后，选中所有不需要的邮件，单击"删除"按钮。注意：此时邮件都被移动到"已删除邮件"中，若要永久删除邮件，必须再次彻底删除。

　　清理邮件：可以清理对话，清理文件夹和子文件夹中的冗余邮件，如图 6.4.22 所示。

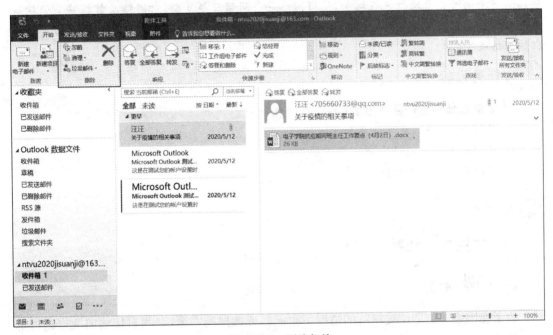

图 6.4.22　删除邮件

任务五　网络信息安全

 任务描述

随着计算机网络规模的不断扩大以及新的应用,如电子商务、远程医疗等不断涌现,威胁网络安全的潜在危险性也在增加,使得网络安全问题日趋复杂,对网络及数据安全的挑战也随之增加。只有了解网络安全的重要性,学习相关知识,才能采取有效的防范策略更好地保障网络安全。

 任务目标

☞ 了解数据加密和数字签名;

☞ 了解身份认证、数字证书和访问控制;

☞ 了解防火墙与入侵检测;

☞ 了解计算机病毒防范。

 任务知识

一、数据加密和数字签名

(一) 数据加密

为了在网络通信即使被窃听的情况下也能保证数据的安全,必须对传输的数据进行加密。数据加密也是其他许多安全措施的基础。加密的基本思想是改变符号的排列方式或按照某种规律进行替换,使得只有合法的接收方才能读懂,任何其他人即使窃取了数据也无法了解其内容。

例如,假设每一个英文字母被替换为字母表中排列在其后的第三个字母,即

a b c d e f g h i j k l m n o p q r s t u v w x y z

分别替换为:

d e f g h i j k l m n o p q r s t u v w x y z a b c

那么原来为"meet me after the class"这句话,加密之后就变为"phhw ph diwhu wkh fodvv",从而起到了保密作用。

(二) 数字签名

数字签名是通信过程中附加在消息(例如邮件、公文、网上交易数据、软件等)上并随着消息一起发送的别人无法伪造的一串代码。与日常生活中手写签名或加盖印章一样,它是发送者发送信息真实性的一个有效证明。

随着电子政务、电子商务等网络应用的开展,数字签名的应用越来越普遍。例如,Outlook、Foxmail等电子邮件均可收发加密的或数字签名的邮件,保证电子邮件内容在传输中的机密性、完整性和不可否认性;又如Ofiice软件所编写的DOC、PPT、XLS等文档,也可以通过添加数字签名来保护文档内容,防止内容被他人篡改。

二、身份认证、数字证书和访问控制

(一) 身份认证

身份认证(身份鉴别)指的是证实某人或某物(消息、文件、网站等)的真实身份与其所声称的身份是否相符的过程,目的是为了防止假冒和欺诈。

身份认证常用的三种方法有三类:

① 依据某些只有被鉴别对象本人才知道的信息来进行鉴别,例如口令、私有密钥、手机验证码等。

② 依据某些只有被鉴别对象本人才具有的信物(令牌)来进行鉴别,例如磁卡、IC卡、口令牌、U盾等。

③ 依据某些只有被鉴别对象本人才具有的生理和行为特征来进行鉴别,例如指纹、手纹、笔迹、说话声音或人脸图像等。

目前许多应用中流行双因素认证,即把上面几种做法结合起来。例如,银行的ATM柜员机就是将IC卡或磁卡(你所有的)和一个6位数的口令(你所知的)结合起来进行身份认证。网上银行采用U盾和口令相结合的方法进行身份认证。手机支付、手机银行等应用中,除了口令、指纹之外,还需要输入对方用短信发送的一个验证码。

(二) 数字证书

在安全性要求很高的一些场合,使用数字证书进行身份认证是普遍采用的做法。数字证书不仅仅是一个数字身份证,它还是通信过程中验证通信实体身份的工具,既证明自己身份,也识别对方的身份。

人们在淘宝上购物时,支付宝作为独立的第三方支付平台为用户提供了安全快速的网上支付、转账收款、缴费、信用卡还款等多种功能。其安全措施是多方面的,除了登录密码、支付密码、安全登录控件等措施之外,使用支付宝数字证书可以进一步增强用户账户的安全性。

支付宝数字证书需要申请批准后才会颁发,申请了支付宝数字证书后,只有安装证书的电脑才能在支付宝平台上进行支付、转账、收费、缴费等业务。更安全的措施是使用"支付盾",它将数字证书保存在U盾中,俗称为"硬证书",只有把支付盾插入电脑USB接口后,支付宝才能完成支付功能。

(三) 访问控制

这是系统在身份认证之后根据用户的不同身份而进行控制的。访问控制就是一些操作权限的控制,如是否可读、是否可写、是否可修改等。

三、防火墙与入侵检测

(一) 防火墙

防火墙是用于将互联网的子网与互联网的其余部分相隔离以维护网络内部信息安全的

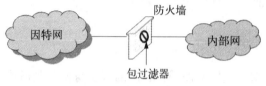

图 6.5.1 防火墙的位置

一种软件或硬件设备。它位于子网和它所接的网络之间,子网流入流出的所有信息均要经过防火墙,如图 6.5.1 所示,它在内网和外网之间筑起了一道防线,达到保护内网中计算机信息安全的目的。

(二) 入侵检测

防火墙是被动的,它不能防止后门程序窃取信息,也不能防范从网络内部发起的攻击。

入侵检测是主动保护系统免受攻击的一种网络安全技术。它对系统的运行状态进行监视,及时发现来自外部和内部的各种攻击企图、攻击行为和任何未经授权的访问活动,以保证系统资源的机密性、完整性和可用性。

四、计算机病毒防范

(一) 计算机病毒

计算机病毒是指蓄意在计算机程序或数据文件中插入的具有破坏性的一些指令和程序代码,它能通过自我复制进行传播,在一定条件下被激活,从而给计算机系统造成损害甚至更严重的破坏。

计算机病毒有如下几个特点:

① 破坏性。凡是软件能作用到的计算机资源(程序、数据、硬件),均可能受到病毒的破坏。

② 隐蔽性。大多数计算机病毒隐蔽在正常的可执行程序或数据文件里,不易发现。

③ 传染性和传播性。计算机病毒能从一个被感染的文件扩散到其他许多文件,从一台电脑扩散到其他许多电脑。特别是在网络环境下,计算机病毒通过电子邮件、网页链接、扫二维码、软件和文档下载等能迅速而广泛地进行传播。

④ 潜伏性。计算机病毒可能会长时间潜伏在合法的程序中,遇到一定的条件,它就会激活其破坏机制开始进行破坏活动。

(二) 防范措施

检测、消除手机和电脑病毒最常用的方法是使用专门的杀毒软件,坚持预防和查杀相结合的原则。为了确保安全,首先要做好预防工作。例如,及时更新操作系统及应用软件,不使用来历不明的 App 和数据,不轻易打开来历不明的短信和电子邮件(特别是其附件),在手机和电脑上安装杀毒软件并及时更新病毒数据库。最重要的一条是:经常及时地做好系统及关键数据的备份工作。

最后,倡议大家保护好自己的隐私,同时也不要去侵犯他人隐私,网络文明从自己做起。

参考文献

[1] 张福炎等.大学计算机信息技术教程[M].南京:南京大学出版社,2018.

[2] 刘万辉等.计算机应用基础案例教程(Windows 7＋Office 2010)(第 3 版)[M].北京:高
    等教育出版社,2017.

[3] 眭碧霞.计算机应用基础任务化教程(Windows 7＋Office 2010)(第 2 版)[M].北京:高
    等教育出版社,2015.

[4] 王必有.大学计算机实践教程[M].北京:高等教育出版社,2015.

[5] 熊燕,杨宁.大学计算机基础[M].北京:人民邮电出版社 2019.

[6] 甘勇等.大学计算机基础(第 4 版)[M].北京:人民邮电出版社 2020.

[7] 闫鸿滨等.计算机应用项目化教程[M].上海:上海交通大学出版社,2018.

[8] 曾爱林等.计算机应用基础项目化教程(Windows 10＋Office 2016)(第 3 版)[M].北京:
    高等教育出版社,2019.